HISTOIRE

NATURELLE

DU HARENG.

Strasbourg, imprimerie de V.ᵉ Berger-Levrault.

HISTOIRE

NATURELLE

DU HARENG,

COMPRENANT

LA DESCRIPTION ZOOLOGIQUE ET ANATOMIQUE DE CET IMPORTANT POISSON,
ET UNE HISTOIRE DÉTAILLÉE DE SA PÊCHE ANCIENNE ET MODERNE;

PAR

M. A. VALENCIENNES,

MEMBRE DE L'ACADÉMIE ROYALE DES SCIENCES DE L'INSTITUT, PROFESSEUR DE
ZOOLOGIE AU MUSÉUM D'HISTOIRE NATURELLE, MEMBRE DE L'ACADÉMIE ROYALE
DES SCIENCES DE BERLIN, DE LA SOCIÉTÉ ZOOLOGIQUE DE LONDRES, DE LA
SOCIÉTÉ IMPÉRIALE DES NATURALISTES DE MOSCOU, ETC.

Extrait du tome XX de l'Histoire naturelle des Poissons

Avec trois planches coloriées.

PARIS,

Chez P. BERTRAND, ÉDITEUR,

LIBRAIRE DE LA SOCIÉTÉ GÉOLOGIQUE DE FRANCE,
rue Saint-André-des-Arcs, 65.

STRASBOURG,

Chez Veuve LEVRAULT, libraire, rue des Juifs, 35.

1847.

HISTOIRE

NATURELLE

DU HARENG.

CONSIDÉRATIONS GÉNÉRALES

SUR LA FAMILLE DES CLUPÉOÏDES.

CETTE famille, l'une des plus utiles à l'homme par les immenses provisions d'aliments qu'elle vient, avec une admirable régularité, offrir, tous les ans, à son courage et à son industrie, est aussi l'une des plus remarquables pour les naturalistes, par la variété de ses espèces, et par les singularités de leur organisation. L'instinct irrésistible qui porte la plupart des clupées à sortir de leurs retraites à des époques fixes, rend leurs apparitions tellement régulières, qu'on les a considérées comme des migrations analogues à celles de certaines espèces d'oiseaux.

Les poissons de cette famille ont le corps généralement allongé et très-comprimé. Le ventre l'est surtout; aussi on lui donne l'épithète de tranchant. Il la mérite d'autant mieux qu'il porte, à une ou deux exceptions près, une

série de chevrons cornés, dont l'arête, pro-
longée en pointe, fait de la carène une véritable scie dentelée. Toutes les clupées sont
couvertes d'écailles assez grandes, mais qui
tombent facilement. Leurs nageoires n'ont
jamais de rayons épineux; celles du ventre
sont à peu près sous le milieu du corps; la
dorsale, de médiocre longueur, est toujours
unique. Indépendamment de ces caractères,
tirés de la conformation générale, les clupes
en ont deux plus précis dans la structure de
leur mâchoire supérieure. Le premier, qui leur
est commun avec les espèces de la famille des
Saumons, consiste en ce que leurs intermaxillaires ne faisant pas le bord entier de la mâchoire, n'en occupent que le milieu, et en
ce que les maxillaires, au lieu d'être reportés
en arrière, en forment les côtés. Le second
est pris de la structure du maxillaire. Cet os,
simple dans le très-grand nombre des poissons, est composé dans ceux-ci de trois pièces
qui se voient, même à l'extérieur, et que l'on
peut aisément détacher par la cuisson ou par
la macération. Tel est l'ensemble des caractères extérieurs des poissons que je com-
prends aujourd'hui dans les Clupéoïdes. Cette
famille, ainsi caractérisée, me paraît mieux
circonscrite que celle établie sous ce même

nom par M. Cuvier dans le Règne animal. C'est pour arriver à cette précision que, dans le livre précédent, j'ai retiré des Clupéoïdes de mon illustre maître plusieurs petites familles, composées de poissons qui n'ont point le ventre dentelé, et dont les maxillaires sont simples.

Les espèces que je réunis ici ont toutes les ouïes très-ouvertes, la membrane branchiostège soutenue par des rayons, dont le nombre n'est pas très-considérable. Les arceaux des branchies sont armés de dentelures très-longues et semblables à des dents de peigne, dirigées en avant. A l'intérieur, les arêtes sont très-fines, très-nombreuses, et pénètrent dans la chair en divers sens, ce qui tient à ce que les vertèbres et les côtes ont deux rangs d'apophyses transverses, naissant horizontalement, les unes de la base de l'apophyse épineuse supérieure, les autres de la côte près de son articulation. Toutes ces apophyses, ainsi que les côtes, sont longues et souvent fines comme des cheveux. Le canal digestif est assez simple, car il se compose généralement d'un estomac conique, pourvu d'une branche montante, souvent charnue, et d'un intestin qui ne fait que deux replis. La première portion du canal intestinal est toujours garnie d'un nombre plus ou moins considérable de cœcums allongés. Le foie et la rate sont petits. Tous ces viscères occupent, en général, peu d'espace sous le repli du péritoine qui les enveloppe, parce que le reste de cette partie de la cavité abdominale est rempli par les organes de la reproduction, qui prennent un développement considérable à l'époque du frai. Ce grand nombre de germes explique comment cette famille peut résister à la destruction incessante que l'homme en fait. Les sacs ovariens sont toujours complétement fermés, d'où il résulte que les œufs, au moment de leur éclosion, ne tombent pas dans la cavité péritonéale, ainsi que nous l'avons vu dans les Érythrins, ou que nous en retrouverons l'exemple dans les espèces de la famille des Saumons et de celle des Anguilles.

La vessie aérienne est toujours très-grande. Elle communique avec le canal digestif par un conduit pneumatique très-grêle, qui semble n'être souvent que la continuation de l'estomac, parce qu'il s'abouche à la pointe même du cône de ce viscère. Il vient aussi s'ouvrir dans quelques espèces sur la face dorsale de l'estomac ou de l'œsophage.

Nous avons vu rarement cette vessie se bifurquer en arrière, et les deux longues cornes coniques pénétrer dans l'épaisseur des muscles coccygiens le long des interépineux de l'anale.

Dans toutes les espèces, l'extrémité antérieure de la vessie est toujours simple, et le plus souvent pointue. Elle s'arrête sous le corps des premières vertèbres, qui n'ont auprès d'elle aucun osselet comparable à ceux de Weber. Deux petits ligaments vont attacher cette vessie à la base du crâne. Ils sont constamment pleins. Ce sont eux que quelques anatomistes ont pris pour des tubes de communication entre la vessie aérienne et l'oreille interne. Jamais cet organe ne communique avec l'intérieur du crâne. J'ai employé tous les moyens anatomiques, ou fait toutes les expériences qui pouvaient m'assurer de l'occlusion complète de la vessie, et par conséquent, de l'absence de toute communication entre elle et la boîte cérébrale.

Les poissons de cette famille, aujourd'hui si nombreuse, ont été pour la plupart inconnus aux ichthyologistes qui m'ont précédé. Je ne crains pas aussi de dire que les espèces dont ils ont parlé ont été fort mal caractérisées dans leurs ouvrages, et que la synonymie y est presque entièrement fautive. Nous renvoyons aux chapitres spéciaux, où nous traitons de chaque espèce en particulier, l'examen de ce que les auteurs, depuis le seizième siècle jusqu'à Willughby, ont dit de ces poissons. Mais l'on ne peut voir sans surprise comment Artedi et ses successeurs ont traité leur genre *Clupea,* et l'on est étonné de la confusion ou de l'ignorance qui existent chez ces auteurs systématiques. Ainsi Artedi caractérise ses Clupées par les huit rayons de la membrane branchiostège; ce qui n'est pas vrai pour sa seconde espèce, le *Sprat,* qui n'en a que six; par le ventre tranchant et dentelé, ce qui n'est pas plus exact pour sa quatrième espèce, l'*Anchois;* et par la position de la dorsale un peu plus rapprochée du museau que les ventrales : on sait aussi que ce dernier caractère est bien vague. De plus, il confond la sardine avec le hareng, de sorte qu'il méconnaît une espèce d'une grande importance dont Belon lui donnait l'indication sous le nom français de *Célerin.* Il rapporte, dans sa synonymie, au hareng du Nord, qu'il connaît très-bien, ce que les auteurs riverains de la Méditerranée ont dit d'une clupée de cette mer, qui n'est ni la sardine ni le hareng, parce que ce grand ichthyologiste ignorait que ce dernier poisson n'existe pas dans la Méditerrranée. Cependant Artedi, avec son exactitude ordinaire, avait eu soin d'indiquer dans le hareng la présence des dents sur la langue ou sur le palais. Il avait par là mis sur la voie de trouver les caractères précis de ces espèces. Je m'étonne que M. Cuvier n'y ait pas fait plus d'attention; il aurait évité par là les erreurs qu'il a laissé échapper dans son ouvrage.

Linné, dès sa dixième édition, ajoute quelques mots à la diagnose générique d'Artedi; il remarque que les maxillaires supérieurs sont dentelés, mais il reproduit le nombre des huit rayons branchiostèges, ce qui ne l'empêche pas d'inscrire parmi ses espèces des poissons, qui en ont cinq, sept, et même dix. Il indique dix espèces dans son genre; mais parmi elles son *Clupea sternicla* est de la famille des Saumons; son *Cl. tropica* est très-probablement quelque espèce de scombéroïde voisine des sérioles. Il ne fait d'autres changements à la douzième édition que d'ajouter une espèce.

Gmelin a conservé le genre de Linné en y introduisant trois poissons nouveaux, dont l'un, le *Cl. haumela* est un scombéroïde du genre *Trichiure;* l'autre, le *Cl. dorab*, pris dans Forskal, est le genre *Chirocentre;* et enfin, ce qui est plus extraordinaire, il ajoute, sous le nom de *Cl. villosa* le *Salmo groenlandicus* de Müller, qui est effectivement de la famille des Saumons.

Bloch, qui a donné l'indication d'un certain

nombre d'espèces nouvelles, n'a pas mieux caractérisé que ses prédécesseurs son genre *Clupea*. Car de ses deux caractères, le premier, la fossette du vertex, est vague et sans valeur zoologique ; le second, l'abdomen caréné et dentelé en scie, n'est pas représenté dans un grand nombre d'espèces à ventre arrondi et sans dentelures que Bloch a inscrites dans le genre. D'ailleurs, un autre reproche plus grave qu'on peut lui faire, c'est de n'avoir pas fait connaître les espèces communes de nos côtes ; ainsi il a mal représenté le hareng, l'alose, l'anchois, le sprat ; la figure de son *Cl. Pilchardus* est très-mauvaise ; il y a oublié les stries de l'opercule, seul trait caractéristique de cette espèce, et il n'a pas su reconnaître en elle la sardine d'Europe qu'il confond avec le sprat. Enfin il cite dans sa liste des clupées le genre Chirocentre emprunté à Forskal, et un *cyprin* qu'il a d'ailleurs si mal représenté, que je me suis demandé, même en l'inscrivant avec doute parmi nos *ables*[1], s'il n'avait pas eu raison, dans son Système posthume, de le rapporter aux Clupées. En effet, le ventre paraît un peu dentelé, et la position des ventrales, par rapport à la dorsale, pourrait faire soupçonner

---

1. Hist. nat. des poiss., t. **XVII**, p. 342.

que Bloch possédait une espèce de Pellone; mais l'anale serait beaucoup trop courte, et les ventrales beaucoup plus grandes qu'aucune des espèces de ce genre dont elle n'a pas absolument la physionomie.

M. de Lacépède, qui a fait paraître son travail sur les Clupées très-peu après celui de Bloch, et qui en a profité, a commencé à faire quelques réformes utiles dans le genre de Linné. En effet, il a retiré des clupées pour en faire un genre, sous le nom de *Mystus*, le *Clupea mystus* d'Osbeck. Il n'en a pas malheureusement saisi le caractère essentiel, sans quoi il aurait su y réunir d'autres poissons qu'il laissait parmi le premier genre. D'un autre côté, il a formé, sous le nom de Clupanodon, un genre qui devait comprendre les espèces caractérisées par l'absence de dents aux mâchoires. Rien ne prouve mieux que ce travail, combien sont faibles en histoire naturelle les travaux exécutés avec les livres seuls, à côté de ceux faits sur la nature. Notre célèbre ichthyologiste n'inscrit pas dans ce nouveau genre, Clupanodon, l'alose qui manque de dents, souvent aux mâchoires, et toujours à tous les os de l'intérieur de la bouche. Il place également parmi ses clupées la sardine, dont il emprunte à Bloch le nom latin et fautif, et qui, comme l'alose, manque de dents à tous les os de la bouche, et il inscrit parmi ses clupanodons le Pilchard, qui n'est autre que la sardine. Son Clupanodon africain est une Pellone, qui a les mâchoires dentées; son Clupanodon chinois est un composé de deux espèces différentes, appartenant à deux groupes tout à fait distincts; car nous démontrerons que l'une d'elles, prise dans Nieuhof, est une spratelle et l'autre une clupéonie très-voisine du *Clupanodon Jussieu,* espèce qui n'est pas non plus établie sans quelques erreurs. Enfin, les deux premiers Clupanodons de Lacépède (*Cl. thrissa* et *Cl. nasica*) appartiennent à un genre distinct, celui des *Chatoessus.* Il résulte donc de ces observations que le genre Clupanodon de Lacépède ne peut pas être conservé. D'ailleurs, le genre Clupée de cet auteur contient des espèces qui se rapportent à plusieurs genres et même à des familles distinctes, et qui ont été reproduites plusieurs fois et sous plusieurs noms dans cet ouvrage d'ichthyologie. Ainsi, nous avons démontré que le *Clupea fasciata* est un *Equula,* genre de la famille des Zées ou des Scombres. Le *Clupea macrocephala* est du genre *Albula* et le même que l'*Albula Plumieri,* et sans répéter les doubles emplois qu'il a empruntés à ses prédécesseurs, l'on verra que les trois espèces de *Clupea alosa, Cl. fallax* et *Cl. rufa* ne sont que nominales, et qu'elles appartiennent toutes à notre alose commune.

M. Cuvier, qui a éclairci, par la sagacité de sa critique et la rectitude de son jugement, plusieurs des erreurs que je viens de signaler, a commencé à débrouiller le genre *Clupea,* en le subdivisant en plusieurs autres ou en rapprochant ceux que M. de Lacépède avait fondés, mais qu'il avait dispersés dans son ouvrage contrairement à toutes les affinités naturelles. Ainsi, le genre des Anchois (*Engraulis*) et celui des Pristigastres, sont heureusement établis dès la première édition du Règne animal. M. Cuvier y ajoute, dans la seconde, les Chatoessus, qui sont en effet plus voisins des harengs que les Mégalopes avec lesquels on les confondait; puis il réunit à côté de ces genres et dans une famille assez naturelle ses Thrysses ou les *Mystus* de Lacépède, les Odonthognates et les Notoptères de ce dernier naturaliste. Mais malgré ces heureuses modifications apportées à un genre, si mal étudié jusqu'à présent, la composition que M. Cuvier fait de son genre Hareng ou *Clupea,* et le caractère qu'il assigne à celui de ses Aloses (*Alosa,* Cuv.), n'est pas exact, parce que les

espèces y sont associées sans que les détails
de leur organisation aient été étudiés et appré-
ciés à leur juste valeur. Ainsi, l'on voit qu'il a
méconnu le harenguet, l'esprot, le melet, en
les confondant tous sous le *Clupea sprattus*
de Bloch. Il a de même réuni à tort la Blanquette avec le White-bait des Anglais. S'il n'a
pas commis la faute de comprendre la Sardine
sous ces dénominations, il l'a séparée à tort
du Célan de nos côtes, qui ne diffère pas du
Pilchard des Anglais.

J'ai déjà témoigné plus haut mon étonnement de ce que M. Cuvier, si habile à saisir
les caractères de la dentition, et qui a rendu
tant de services à l'ichthyologie, en donnant
au système dentaire une haute valeur dans
la diagnose de ses genres, n'ait pas tenu compte
de la dentition des clupées, bien que quelques naturalistes, comme anciennement Artedi,
et récemment M. Dekay, aient déjà indiqué
par quelques mots les variations extraordinaires que nous trouvons dans l'implantation
des dents de ces diverses clupées. Cet oubli a
fait que M. Cuvier a donné pour caractère de
son genre Alose la petite échancrure de la
mâchoire supérieure, caractère qui se retrouve
dans les *Clupea clupeola* et *Clupea humeralis,*
que M. Cuvier n'osait pas, avec raison, séparer
de ses harengs.

Tel était l'état de l'ichthyologie pour le genre *Clupea,* lorsque j'ai essayé d'étudier après ces célèbres naturalistes, les nombreuses espèces de ce genre dont quelques-unes pullulent sur les côtes, sont assez nettement distinguées par les pêcheurs riverains, mais le sont mal par les ichthyologistes de cabinet. J'ai eu le bonheur dans les fréquentes explorations que j'ai faites sur les bords de la Manche et des mers du Nord de m'aider des conseils pratiques que la pêche pouvait me fournir pour reconnaître d'abord à la première vue les petites espèces de Clupées qui portent des noms différents dans les diverses localités. Ainsi l'on ne connaît point à Cayeux ni au Crotoi les noms de Blanquette, de Menuise, de Haranguet qui sont au contraire en usage de l'autre côté de la Manche sur les côtes du Calvados. Les Blanches de la baie de la Somme sont les Haranguets de Caen, et ne sont que de jeunes harengs ; aussi ne les voit-on paraître en troupes innombrables qu'à la belle saison. Il est évident que c'est le produit de la ponte des harengs qui sont venus frayer sur la côte pendant l'hiver précédent. Je me suis assuré de la justesse de ces déterminations en examinant les dents et le squelette des harengs adultes et de ces jeunes individus. En faisant ces re-

cherches, j'ai examiné la dentition des espèces
étrangères réunies dans l'immense collection
que j'ai le bonheur d'avoir à ma disposition,
et j'ai vu ces variations se reproduire avec constance sur un assez grand nombre de Clupées
qui avaient en même temps des différences dans
la position des nageoires et dans la physionomie générale. Comme ces observations s'appli-
quaient à des espèces qui avaient entre elles
de l'affinité, il m'a été facile de former des
groupes ou de nouveaux genres qui ont presque
tous, pour chef de file, une de nos espèces
côtières. Cette étude de la dentition, dont
l'importance n'avait point échappé à Artedi,
dans son étude du hareng, conduit à des
déterminations aussi sûres que faciles de tous
ces nombreux poissons, et sert à distinguer
nos Clupées européennes. C'est ainsi que le
White-bait a des dents sur tous les os de
l'intérieur de la bouche, c'est-à-dire sur les
palatins, les ptérygoïdiens, le vomer et la
langue ; que la Harenguette, type de notre
genre Harengule, n'en a point sur le vomer,
mais ses autres os en sont garnis ; que nos
Clupées proprement dites, comprenant le
hareng et quelques espèces voisines en ont
une bande longitudinale sur le vomer, une
autre sur la langue, et quelques petites et

difficiles à voir sur le devant des palatins, les autres os sont lisses. Nos Sardinelles diffèrent des Harengs parce qu'elles n'ont point de dents sur les mâchoires ni sur le vomer, mais qu'elles en ont sur les palatins, les ptérygoïdiens et sur la langue. Ce genre a pour type ce poisson de la Méditerranée que les uns ont nommé le Hareng, et les autres ont pris tout aussi arbitrairement pour la Sardine ou le Pilchard.

Certaines espèces étrangères viennent offrir des combinaisons nouvelles qui se rapprochent de ces différents genres. Ainsi la position des ventrales et la longueur de l'anale caractérisent les Pellones; l'absence des ventrales, les Pristigastres. Les Clupéonies sont des espèces étrangères qui n'ont de dents sur aucune autre pièce que sur la langue et les ptérygoïdiens. Chez nos Spratelles, c'est la combinaison de dents sur la langue et les palatins seulement. Dans les Kovales, nous voyons les dents disparaître sur la langue en même temps que sur les mâchoires, sur le vomer, sur les palatins, de sorte que les ptérygoïdiens restent seuls armés de dents. Les Melettes, nom de genre que nous empruntons à des petites espèces de nos côtes de Bretagne et de Provence, ont pour caractère

la présence de dents sur la langue seulement.
Nous retrouvons cette combinaison sur des
poissons de l'Amérique septentrionale et de
la Nouvelle-Hollande presque aussi grands
que nos Aloses. Celles-ci constituent un genre
distinct, que nous caractérisons tout autrement que ne l'a fait M. Cuvier; nous faisons
reposer leur caractère sur l'absence de dents à
toutes les pièces de l'intérieur de la bouche.
Il n'y en a pas plus sur la langue que sur le
palais. Les dents des mâchoires sont petites,
caduques, et le plus grand nombre des aloses
en manquent même sur ces os.

Après avoir ainsi caractérisé les espèces qui
étaient toutes plus ou moins confondues dans
le genre *Clupea* de Cuvier, et qui ont généralement la mâchoire inférieure plus allongée que
la supérieure, nous avons à placer ces genres
bien tranchés que M. Cuvier a établis sous des
noms bien connus et adoptés en ichthyologie. Ils forment cependant un second groupe
qui peut être caractérisé par la saillie du museau
au-devant de la mâchoire supérieure. Cette
saillie, due au prolongement de l'ethmoïde,
fait que les intermaxillaires ne sont plus pla-
cés en travers sur le devant de la bouche
comme dans les vrais harengs, mais qu'ils sont
couchés sur les côtés. C'est le caractère le plus

apparent des Anchois, qui présentent dans tout ce groupe des Clupéoïdes une exception fort remarquable. Le ventre de quelques espèces n'est point dentelé; il est cependant impossible quand on place à côté l'une de l'autre, comme nous pouvons le faire, un aussi grand nombre d'espèces, de séparer les Anchois sans dentelures de ceux qui ont le ventre caréné et dentelé. M. Cuvier a caractérisé sous le nom de Thrisse les Mystus de Lacépède, en ajoutant au caractère de la réunion de l'anale à la caudale celui qui est fourni par le prolongement des maxillaires. J'ai adopté pour certaines espèces de l'Inde, dont les rayons de la pectorale se prolongent en longs filaments, la coupe générique établie par M. Gray sous le nom de Coïlia. Les Odonthognates sont des Mystus sans ventrales; ils reproduisent dans ce groupe ce que les Pristigastres ont représenté chez les Clupées à mâchoire inférieure saillante au-devant de la supérieure. Les Notoptères viennent aussi se rapprocher de ces genres par leur longue anale réunie à une très-petite caudale, mais ils s'en distinguent par la forme de leur bouche et par la grosseur de leur museau. Outre les caractères des Clupées que nous retrouvons dans la bouche et dans le ventre dentelé des Chatoessus, nous avons pour les distinguer le prolongement en long filet du dernier rayon de la dorsale. Tel est l'exposé des différents genres dont nous allons écrire successivement l'histoire. Ils composent une famille que nous considérons comme des plus naturelles en ichthyologie.

Le nom de *Clupea,* sous lequel les premières espèces ont été réunies par Artedi, n'a, dans les anciens, comme la plupart des autres noms de poissons, qu'une signification indéterminée et même variable. Aucun passage de ces auteurs ne le fait concorder précisément avec les poissons qui portent aujourd'hui ce nom. Pline[1] dit que le *Clupea* est un très-petit poisson qui tue l'*Attilus,* c'est-à-dire l'Esturgeon du Pô, en mordant une veine de sa gorge, ce qui se rapporte très-probablement à l'Ammocet ou Lamprillon (*Petromyzon branchialis,* Linn.). On pourrait croire aussi que c'est une autre espèce de petite Lamproie, le Sucet (*Petromyzon Planeri*). Callisthène, au contraire, cité dans le Traité des fleuves du Pseudo – Plutarque[2], prétend, au treizième livre des Galatiques, que le *Clupea,* ainsi appelé par les gens du pays, est un grand poisson

----

1. Pl., liv. IX, ch. 15.
2. *De fluviis,* p. 730 et 731, tom. X, éd. Reiske.

de la Saône. Il est blanc, quand la lune croît, et il devient noir dans son décours. Lorsqu'il est arrivé à toute sa grandeur, il se décompose lui-même par l'action de ses arêtes. C'est un récit fabuleux dont cependant le fondement pourrait se trouver en partie dans cette multitude d'arêtes qui remplissent la chair de l'Alose; et parce qu'après avoir frayé, les Aloses deviennent si faibles qu'elles se laissent entraîner, couchées sur le côté, au fil de l'eau. Plusieurs même périssent par suite de l'épuisement causé par le frai. Cet auteur ajoute qu'on trouve dans sa tête une pierre semblable à un grain de sel, excellente contre les fièvres quartes, si on l'applique, lors du déclin de la lune, aux parties gauches du corps. Massarius a imaginé le premier que le *Clupea* devait être l'Alose; mais il ne donne, ainsi que Paul Jove, qui l'a suivi, d'autre motif à ce sentiment que la ressemblance assez éloignée du nom de *Clupea* avec celui de *Chieppa* que l'Alose porte à Naples, en Toscane et à Venise.

On a voulu aussi rapporter au *Clupea* un vers d'Ennius cité par Apulée dans sa première apologie[1] :

Omnibus, ut[2] Clupea, præstat mustela marina.

1. Tom. II, p. 484, éd. Oudend.
2. On lit aussi *at* et *Clupeæ.*

Mais il est évident par l'ensemble du passage dont l'objet est d'indiquer dans quel lieu chaque poisson est le meilleur, qu'il s'agit ici d'une ville et non pas d'un poisson, ainsi que l'a très-bien remarqué le père Hardouin.

Les noms de *Thrissa,* de *Trichis* et de *Trichias,* ainsi que ceux de *Membras* et de *Sardina* ou *Sardinia* et de *Chalcis,* paraissent aussi, d'après l'ensemble des passages où il en est fait mention, ne pouvoir appartenir qu'à des poissons de cette famille. Un scholiaste d'Aristophane en attribue déjà l'origine aux arêtes fines et en forme de cheveu (θρίξ) qui remplissent leur chair.

Aristote[1] présente le *Membras,* le *Trichis* et le *Trichias,* comme différents âges d'un même poisson : « de l'Apua de Phalère, dit-il, (et Apua est pour lui tout petit poisson qui vient de naître) viennent les Membrades, des Membrades les Trichides, et des Trichides le Trichias. Une autre sorte d'Apua du port d'Athènes donne les *Encrasicholus.* »

Aristophane mentionne dans un endroit[2] le Trichis, comme excitant la toux quand on en mangeait trop. Dans un autre[3] il parle d'en

---

1. *Hist. anim.,* VI, 15.
2. Dans les Harangueuses, v. 56.
3. Dans les Chevaliers, v. 662.

donner cent pour une obole; dans un troisième passage [1] il le cite comme un objet d'approvisionnement pour les flottes; dans un quatrième, conservé par Athénée [2], il fait dire à un de ses acteurs : *Malheureux que je suis de m'être plongé dans la saumuré des Trichides.* Toutes ces indications prouvent que c'était un poisson très-commun, et que l'on en faisait des salaisons. On peut donc supposer que c'était la Sardine, l'Anchois ou la Melette; mais plus probablement les deux premières, dont les salaisons sont plus importantes, et peut-être même ne devrait-on pas citer l'Anchois à cet endroit, puisqu'il est assez probable que les Grecs le désignaient par le nom d'*Encrasicholus* ou d'*Engraulis.*

Le Chalcis appartenait aussi à ces poissons voyageurs et vivant en troupes, dont on faisait des salaisons. Aristote [3] le nomme expressément parmi les poissons voyageurs, et même Callimaque, cité par Athénée, dit que les habitants de Calcédoine donnaient le nom de *Chalcis* à la Trichide. Il faut cependant remarquer qu'Aristote parle dans un autre endroit (liv. VI, chap. 14) d'un Chalcis flu-

---

1. Les Acharnes, v. 51.
2. Olgades, cons. par Athénée, liv. VII.
3. *Hist. anim.*, liv. V, ch. 9.

viatile, très-probablement différent du premier, puisqu'il lui attribue un autre nombre de ponte par an. Athénée[1] range aussi le *Chalcis* parmi les poissons qui ont beaucoup d'arêtes, et Pœnetes, cité par Athénée, prétend qu'il était le même que le *Sardinia;* mais cette assertion est au moins trop générale; car Columelle[2] les distingue; il veut que l'on donne au poisson dans les viviers *tabentes haleculas et salibus excœsam Chalcidem putremque Sardiniam.* Peut-être même toutes ces variations de nomenclature doivent-elles s'expliquer par la différence des lieux d'où venaient les Sardines et autres petites Clupées que l'on conservait. On peut croire aussi que la différence des préparations qu'elles recevaient les faisaient changer de nom, comme nous nommons aujourd'hui le même poisson *Cabeliau, Morue* et *Stock-fisch,* selon qu'il est frais, salé ou séché.

Dans aucun cas on ne peut appliquer un seul de ces noms au Hareng, comme l'a voulu faire Belon, puisque le poisson n'existe pas dans la Méditerranée.

Le scoliaste d'Aristophane a cru que le *Thrissa* pouvait être le même que la Trichide;

---

1. Liv. VII, p. 328.
2. *De re rust.*, liv. VIII, ch. 17.

mais cette assertion n'est pas exacte. Aristote parle du *Thrissa* et du *Trichis* comme de poissons distincts, et Athénée[1] disant que le *Thrissa*, le *Trichis* et le *Chalcis* se ressemblent, indique bien qu'ils n'étaient pas les mêmes. Gaza a traduit le *Thrissa* d'Aristote par *Alosa*, et Gilius nous assure que c'est le nom que l'Alose porte chez les Grecs modernes. En effet, si l'on excepte un passage d'un ouvrage perdu d'Aristote, cité par Athénée, et où il aurait dit que le *Thrissa*, l'*Encrasicholus*, le *Membras*, le *Trichis* ne changent point de lieu, les autres passages des anciens sur le *Thrissa* n'ont rien qui empêche de croire que ce nom se rapporte à l'Alose. Le texte d'Aristote me paraît même avoir été altéré; car il serait très-singulier que cet éminent naturaliste eût nié le changement de lieux de la part de poissons qui sont tous essentiellement voyageurs. Oppien a rangé positivement le *Thrissa* avec le *Chalcis*, et l'*Abramis* parmi les poissons qui voyagent en troupe. Dans un autre endroit d'un ouvrage également perdu, dont Athénée[2] rapporte une citation, Aristote disait que le

----

1. Liv. VII, p. 328.
2. Liv. VII, p. 328.

Thrissa est nommé Orchestride, parce qu'il aime la danse et le chant; or, Élien[1] assure que les habitants des bords du lac Marotis attirent les *Thrissa* au son des instruments, et qu'ils viennent, comme en dansant, se prendre dans les filets. Ce qu'il y a de remarquable, c'est que Vincent de Beauvais et Albert le Grand racontent précisément la même chose des Aloses de la Belgique et de la Basse-Allemagne. Albert dit en avoir été témoin oculaire. Ces traditions populaires n'ont pas même été oubliées par Lafontaine. Dorion, cité par Athénée[2], mettait le *Thrissa* dans les poissons fluviatiles. Athénée[3] compte aussi le *Thrissa* parmi ceux du Nil. Strabon[4] confirme cette assertion, car il prétend, d'après Aristobule, que le Θρίσσα, le Muge et le Dauphin sont les seuls poissons de mer que la crainte du crocodile n'empêche pas de remonter le Nil. Or, l'Alose habite la mer, remonte dans les fleuves et se trouve effectivement dans le Nil. M. Geoffroy Saint-Hilaire en a rapporté des individus qui sont encore déposés dans le Cabinet du Roi. Enfin,

---

1. Él., liv. VI, ch. 32.
2. Liv. VII, p. 328.
3. Liv. VII, p. 312.
4. Liv. XV, p. 707.

Athénée place le *Thrissa,* d'après Hicesius, avec le *Chalcis,* l'*Hircus* et l'Aiguille parmi les poissons dont la chair est sèche, peu grasse et remplie d'arêtes; toutes choses qui conviennent assez bien à l'Alose. Mais Aristote [1] dit dans un autre endroit que le *Thrissa* ne se trouve point dans l'Europe, non plus que tous les poissons qui ont le plus d'arêtes.

Le nom d'Alose, *Alausa,* se montre pour la première fois dans le poëme de la Moselle d'Ausone :

> *Stridentesque focis opsonia plebis alausas ;*

mais il est assez singulier qu'il n'en fasse qu'un mets du petit peuple.

Il n'y a pas de doute sur les noms anciens de l'Anchois. On l'appelait également *Encrasicholus, Engraulis, Lycostomus* et *Eritimus.* Élien, livre VIII, chapitre 18, témoigne de la synonymie de ces trois premiers noms, en même temps qu'il décrit assez bien le poisson et ses habitudes pour le faire reconnaître. C'est celui de Λυκόστομος que les Grecs modernes lui ont conservé; il vient sans doute de la grande ouverture de sa gueule. Celui d'Ἐγγρασίχολος, qui signifie le *fiel dans la tête,*

----

1. Liv. IX, ch. 37.
2. Aus., *Mos.,* v. 127.

tient sans doute à ce que, pour préparer l'Anchois, on lui arrache la tête en même temps que le foie et les intestins. Ἐγγραυλὶς en est probablement une contraction. *Eritimus* n'était qu'un autre nom de l'Anchois, spécialement usité à Chalcédoine, selon Callimaque. [1]

Il resterait à parler de l'*Apua* ou *Aphya,* et de l'*Halec* ou *Halex.* Nous avons déjà vu qu'on nommait *Apua* le nouveau frai de toute espèce de poisson, comme en Normandie on appelle *Montée* le frai de l'Anguille, sur les côtes de Provence et d'Italie, *Nonnato* le frai des Athérines, des Muges; comme l'on appelle dans la Tamise le *White-bait,* cette petite espèce de Clupée, que l'on estime surtout lorsqu'elle n'a qu'un pouce à un pouce et demi de longueur. On voit même par les passages d'Aristophane cités plus haut, que l'on employait comme synonymes de *Trichis* tous ces petits *Apua.*

Quant aux noms de *Halex* et de *Halecula,* ils désignent, en latin, tous les petits poissons que l'on salait.

C'était encore une sorte de liqueur ou de *garum* corrompu. Le nom d'*Halecula* s'appliquait aussi à un petit poisson peu estimé que l'on conservait dans le sel, et que Columelle

---

1. Athénée, liv. VII, p. 329.

conseille de donner au bétail qui a quelque dégoût pour les aliments. En rapprochant les différents passages que Rondelet ou Gesner ont extrait d'Ovide, de Martial et autres sur *Halex* et *Halecula,* on voit qu'ils n'entendaient point appliquer ces noms à une espèce particulière de poisson.

Le nom de *Hareng* ou de *Harengus* n'étant certainement ni grec ni latin, il est évident qu'on ne doit pas en parler dans cette discussion sur les dénominations anciennes des Clupées.

J'ai rapproché ici toutes ces citations qui se rapportent à la synonymie ancienne de nos Clupées, sur laquelle on ne peut avoir que des présomptions. Elle reste, dans ce cas, comme pour toutes les autres synonymies grecques ou latines des poissons, toujours incertaine, parce que ces pères de l'histoire naturelle n'ont jamais cité que les habitudes des animaux. Ils en rapportaient souvent les traits essentiels mêlés ou altérés par les croyances populaires ou par cet amour du merveilleux que les hommes qui ne sont pas physiciens ou naturalistes exacts, mêlent presque toujours à leurs observations.

CHAPITRE PREMIER.
Du genre HARENG (*Clupea*, Cuvier).

Je commence l'histoire des Clupéoïdes par celle du genre qui comprend le hareng, parce que c'est de tous les poissons de cette famille celui qui est le plus connu et le plus utile à l'homme. Les caractères de ce genre reposent, d'après les principes que j'ai établis plus haut, sur la dentition de ces Clupées. Je ne classe dans ce genre que les espèces qui ont de petites dents sur les intermaxillaires, des crénelures si fines aux maxillaires qu'elles sont plus sensibles au tact que visibles à l'œil nu. Il y a aussi de petites dents sur le pourtour de la symphyse de la mâchoire inférieure qui dépasse la supérieure. Des dents plus fortes et plus faciles à voir existent sur le vomer et y sont implantées sur une bande longitudinale. Une autre bande semblable et correspondant à celle-là hérisse la langue. Il n'y a que deux ou trois petites dents sur le bord· externe des palatins; elles tombent même si facilement, que sans des observations attentives et répétées, on pourrait croire que ces os sont lisses comme les ptérygoïdiens. Le corps des espèces du genre Hareng est allongé, le dos est arrondi, les flancs sont épais et le ventre est plus ou moins comprimé ou tranchant, selon que l'on observe un individu pêché pendant qu'il est plein ou après qu'il a frayé. La dorsale est petite, attachée sur le milieu de la longueur du corps ; les ventrales répondent à cette nageoire ; les pectorales sont petites ; l'anale est très-basse. Le canal intestinal ne fait que deux replis ; il a de nombreux cœcums. L'estomac est un sac conique. La vessie aérienne est grande, pointue aux deux extrémités ; elle communique par un canal long et très - étroit avec la pointe de l'estomac.

Je ne connais encore qu'un petit nombre d'espèces de ce genre, qui ont été jusqu'à moi confondues sous le nom de *Clupea harengus*. Il faut d'ailleurs remarquer que sous cette dénomination linnéenne, Artedi et ses successeurs avaient compris plusieurs autres poissons qui sont pour moi de genres différents.

Je conserve à ce genre le nom de *Clupea* que M. Cuvier a pris d'Artédi, en restreignant la signification que cet ichthyologiste et Linné lui attribuaient. Cette expression générique reçoit aujourd'hui dans notre ouvrage une acception nouvelle et différente de celle que ces trois grands naturalistes lui assignaient. Mais, comme M. Cuvier entendait l'appliquer plus

spécialement au hareng, je crois devoir conserver ce qui a été la première pensée de l'auteur
du Règne animal. Je suis en cette circonstance
la règle que je n'ai pas encore manqué d'observer pour mon illustre maître, ou pour les
savants naturalistes dont j'ai cru nécessaire de
modifier les travaux.

Du Hareng commun.

(*Clupea harengus*, Linné).

Le hareng d'Europe est une espèce des plus
célèbres à cause de sa fécondité, des services
qu'il rend à l'industrie, et je dirai même à
cause des récits merveilleux que l'on ajoute
à son histoire. Il est familier à tous les peuples qui habitent sur les bords de l'Océan
jusqu'auprès du pôle arctique, et qui se livrent
à sa pêche avec un courage aussi audacieux
qu'infatigable. Le commerce le répand, conservé par les préparations que l'homme sait
lui faire subir, dans presque toutes les parties
du monde. Par son inépuisable fécondité le
hareng est une de ces productions naturelles
dont l'emploi, comme le dit M. de Lacépède,
décide de la destinée des empires. La graine
du caféier, la feuille du thé, les épices de
la zone torride, le ver qui file la soie, ont
moins influé sur les richesses des nations que

le hareng de l'Océan septentrional. Le luxe ou le caprice demandent les premiers, le besoin réclame le second. La pêche de ce poisson fait partir chaque année des côtes de France, de Hollande, d'Angleterre, des flottes nombreuses pour aller chercher dans le sein d'une mer orageuse la moisson abondante et assurée que ses légions innombrables présentent à la courageuse activité de ces peuples. Les grands politiques, les plus habiles économistes ont vu dans la pêche du hareng la plus importante des expéditions maritimes, ils l'ont surnommée la grande pêche. Elle forme des hommes robustes, des marins intrépides, des navigateurs expérimentés. L'industrie qui s'empare des produits de ces pêches, sait en faire l'objet d'un commerce, source de richesses inépuisables. Mais avant d'examiner ce que ces grandes entreprises peuvent procurer de bien-être à l'homme, il est naturel de commencer par décrire scientifiquement un poisson que tout le monde connaît, mais que bien peu ont étudié.

Les diverses proportions du hareng varient selon les individus que l'on examine, suivant les saisons. En les prenant d'abord sur des harengs pleins, on trouve qu'un mâle a la ligne du profil supérieur très-peu convexe; celle du ventre est au contraire tout à fait concave; la hauteur fait le cinquième de la longueur totale ; j'ai, à côté de lui, une femelle, également pleine, dont la hauteur est cinq fois et un tiers dans cette même longueur totale. Le dos est épais et arrondi; la plus grande épaisseur est deux fois et demie dans la hauteur. J'ai observé cependant parmi tous ces harengs, que l'on apporte aux marchés, des individus dont le corps paraît beaucoup plus allongé, parce que la courbure du ventre est moins prononcée; ils sont cependant pleins : la laite sort sous la plus faible pression. La hauteur est contenue six fois dans la longueur totale. Ces harengs allongés sont ceux que les marchands appellent communément les harengs de Calais; ces changements de proportion sont peut-être dus à ce que les premiers n'ont pas encore commencé à frayer, tandis que les autres, plus septentrionaux, auraient déjà lâché une partie de leur frai.

La longueur de la tête est contenue cinq fois et un tiers dans la longueur totale des individus qui ont le corps trapu, et je ne la trouve que cinq fois dans la longueur de ceux qui ont le corps plus étroit et plus allongé. Toutefois en rapprochant un nombre considérable d'exemplaires, et en les examinant avec soin pour voir si l'on pourrait trouver quelques différences assez constantes pour la considérer comme un caractère spécifique, on ne tarde pas à se convaincre que ces légères différences ne sont qu'individuelles.

L'œil est assez grand, un peu ovale : son plus grand diamètre serait plutôt oblique et perché en avant que vertical. Le cercle de l'orbite n'entame pas la ligne du profil, quoique l'œil soit tout à fait sur le haut de la joue. Une double paupière adipeuse est étendue sur la cornée; l'antérieure recouvre le premier sous-orbitaire que l'on ne voit que par transparence; la seconde va toucher l'angle supérieur du préopercule. L'orbite est cerné en dessous sur quatre sous-orbitaires, et en dessus par un sourcilier; mais comme ces os minces ne se voient bien que par la dissection, nous y reviendrons en décrivant le squelette.

Le préopercule est mince comme une écaille; son angle est arrondi; son limbe, large, est sillonné par de petits filets anastomosés, formant des rivulations qui ne gagnent point les sous-orbitaires. Cet os couvre la plus grande partie de la joue; il ne laisse voir qu'une très-petite portion de l'interopercule, qui est mince, étroit et arrondi près du sous-opercule; celui-ci est irrégulièrement triangulaire; son angle postérieur est aigu; le bout de réunion avec l'opercule fait une sinuosité très-ouverte. L'opercule est irrégulièrement quadrilatère; son angle supérieur est arrondi; sa surface est lisse et sans aucunes stries; c'est ce qui sert à le faire distinguer, par les marchands, de la sardine adulte, qu'ils amènent à Paris sous le nom de *Harengs de Berck*. Nous reviendrons sur ce caractère en décrivant cette espèce de Clupéoïde. Il n'y a pas de bord membraneux à l'opercule.

L'ouverture de la bouche est assez large; elle est surtout agrandie par la mobilité et la protraction du maxillaire; cet os est complexe dans le hareng, car il est formé de trois pièces : la plus grande ou le maxillaire principal a toute sa portion, ou, si l'on aime mieux, tout son corps dilaté en une petite lame mince qui donne en avant une apophyse styloïde étroite et courbée pour aller rejoindre, par une tête un peu élargie, l'ethmoïde, et s'articuler ainsi au crâne. Cette tête a en même temps deux facettes, l'une postérieure pour les palatins, l'autre supérieure pour s'unir aux intermaxillaires. Les deux autres pièces supplémentaires sont placées en arrière de celui-ci; l'antérieure est longue et étroite, à peu près d'égale largeur partout, et s'articule à l'endroit de la flexion de la portion articulaire du maxillaire principal. La troisième s'articule avec cette seconde pièce par un stylet grêle; elle se dilate ensuite en arrière en une petite palette ovoïde qui ne dépasse pas l'extrémité du maxillaire principal. Ces trois os ont un canal osseux qui les traverse dans toute leur longueur. L'intermaxillaire est extrêmement petit, sans branche montante, à peu près triangulaire. La mâchoire inférieure a des branches minces et très-élevées. L'articulaire se détache facilement des pièces antérieures; on peut dire de sa forme qu'elle est plus triangulaire, tandis que celle du reste de la branche serait plutôt trapézoïdale. On trouve une lèvre inférieure, épaisse et dilatée, mais il n'y en a point à la mâchoire supérieure.

La narine du hareng est une assez grande cavité, en partie recouverte par la membrane adipeuse qui forme la paupière; elle se prolonge presque autour de la demi-circonférence antérieure de l'orbite, de sorte que, par l'insufflation, on voit toute la région antérieure se soulever. Il y a, comme dans tous les poissons, deux ouvertures à la narine, mais tellement rapprochées l'une de l'autre qu'elles ne sont séparées que par une petite bride, ce qui rend l'antérieure très-difficile à apercevoir. L'ouverture postérieure est ovale, assez grande. Un très-petit os nasal est mobile au-dessus de ces deux ouvertures, que l'on trouve le long de l'extrémité du sourcilier. En faisant remuer cet os, qui est assez mobile, on découvre plus aisément les deux orifices de la narine. En soulevant la peau, épaisse, quoique transparente, on pénètre dans cette assez grande cavité au fond de laquelle on voit la petite rosette formée par les plis de la membrane pituitaire. Une portion assez longue du nerf de la première paire et plusieurs autres filets nerveux passent sous cette espèce de paupière. Cette anatomie, facile à faire, est très-jolie.

Les dents des mâchoires sont d'une extrême petitesse. Celles de l'intermaxillaire et de l'extrémité de la mâchoire inférieure méritent presque seules ce nom. On peut reconnaître leur forme crochue; il y en a dix à douze sur un seul rang, c'est-à-dire, cinq ou six de chaque côté. Les dents du maxillaire sont tellement petites qu'elles ne sont en quelque sorte que de très-fines aspérités. Celles du vomer, quoique très-petites, sont plus fortes; on les voit sur deux rangées à l'extrémité antérieure : elles forment là un petit groupe longitudinal, puis il existe à l'extrémité de chaque palatin quatre ou cinq petites dents crochues disposées les unes derrière les autres, et formant avec celles du vomer les trois petits groupes des dents palatines.

La langue est courte, obtuse, assez libre; elle est couverte d'une membrane épaisse, chargée de points pigmentaires. Sur le corps de l'os lingual il existe une petite plaque ovale, allongée, portant cinq à six rangées longitudinales de petites dents crochues plus fortes que celles des os déjà nommés. Je ne trouve pas de dents pharyngiennes.

Les ouïes sont largement ouvertes; la membrane branchiostège ne dépasse point les rayons qui la soutiennent. Nous en comptons huit de chaque côté; les cinq externes sont grêles, les trois autres sont larges et aplatis.

Le dessus du crâne est étroit et il devient même pointu entre les narines. La peau qui le recouvre est criblée de nombreux pores muqueux. L'opercule s'étend en grande partie jusque sur l'ossature de l'épaule qui est composée d'os grêles et étroits. Comme ils sont cachés dans l'épaisseur des muscles, nous n'en parlerons qu'en décrivant le squelette.

Les nageoires sont petites. La pectorale, étroite et pointue, est attachée vers le bas près de la carène du ventre. La dorsale est sur le milieu de la longueur du dos. La ventrale lui correspond parfaitement. L'anale est basse et égale. La caudale est fourchue.

B. 8; D. 18; A. 16; C. 23; P. 17; V. 9.

Les écailles sont minces, en quelque sorte membraneuses : elles se détachent avec une telle facilité qu'il est très-rare de trouver un hareng qui ne les ait pas perdues presque entièrement : elles sont de grandeur médiocre. J'ai observé que le nombre des rangées varie entre cinquante-trois et cinquante-neuf. Toute la portion libre est couverte de stries concentriques si fines qu'on ne peut les apercevoir qu'à un assez fort grossissement. Ces stries semblent s'évanouir sur la portion radicale, sur laquelle on compte quinze ou seize rayons à l'éventail : ils sont extrêmement fins et le plus souvent ils s'anastomosent entre eux.

J'ai dit que le dos du hareng était arrondi; son ventre est caréné, et la saillie de la courbure paraîtra plus ou moins forte selon que l'on observera un poisson plein ou vide. La carène est soutenue par un certain nombre d'écailles pliées en chevron, dont le sommet élargi forme le corps et l'axe de la carène. Les côtés de cette ogive, prolongés en épines longues, grêles et très-pointues, embrassent le ventre. L'axe de la carène se prolonge en arrière en pointe imbriquée sur la pièce suivante; c'est ainsi que se trouve formé le tranchant du ventre des harengs. La carène est étendue depuis la ceinture humérale jusqu'à l'anus. Les seize premières pièces sont petites et ce n'est guère qu'à la neuvième que l'on commence à voir saillir les pointes latérales; ces petites épines grandissent jusqu'à la seizième qui répond à l'extrémité du rayon le plus court de la pectorale : au delà et jusqu'aux ventrales toutes ces pièces sont grandes et de la forme que j'ai d'abord indiquée; puis en arrière de la ventrale elles diminuent de nouveau pour devenir presque rudi-mentaires auprès de l'anus. J'ai compté le nombre de ces pièces sur beaucoup d'individus, et j'en ai trouvé constamment quarante-deux. Un seul, venu de Brest, n'en avait que quarante, et un autre pris sur les côtes de Picardie en avait quarante-trois. Il me paraît que les jeunes individus en ont moins que les adultes, car je les ai comptées sur un grand nombre d'exemplaires de petite taille pêchés à Caen, à Cayeux, à La Rochelle, et je n'en ai trouvé que trente-cinq.

La ligne latérale est difficile à voir et à suivre à cause de la caducité des écailles, cependant on parvient à s'assurer de sa présence et de sa direction sur des individus bien conservés : elle est fine comme un trait tracé par le milieu du corps, depuis le mastoïdien jusqu'au milieu de la caudale.

La couleur du hareng vivant est un vert glauque sur le dos, glacé d'argent, les flancs et le ventre brillant de cet éclat métallique le plus vif; mais dès qu'il est mort le hareng change de couleur et son dos prend cette teinte bleue, qui est celle que lui attribueront toutes les personnes qui ne l'ont pas vu sauter dans les filets du pêcheur.

L'étude des viscères du hareng est aussi simple que les organes le sont eux-mêmes :

Les branchies sont remarquables par la longueur des peignes qui forment les ratelures et qui sont disposés du côté de la bouche. Le cœur est petit, trièdre, son oreillette est fort grande et presque membraneuse.

Le pharynx s'ouvre par un assez large entonnoir qui donne dans un court œsophage et de là dans un estomac conique et pointu; à peu près au tiers de sa longueur naît de la face inférieure la branche montante qui va presque toucher au diaphragme : elle se replie, et à cet endroit un changement d'épaisseur très-notable marque le pylore et le commencement du duodénum : cet intestin est entouré de vingt appendices cœcales formant deux rangées de chaque côté du canal, les antérieures sont de moitié plus courtes que les dernières. L'intestin, retenu par un repli mésentérique d'une finesse extrême et qui est attaché dans le milieu de la gouttière de l'abdomen, marche droit jusqu'à l'anus sans faire aucun repli : ses parois sont très-minces et sa velouté forme un nombre considérable de rides comparables à des valvules conniventes, mais qui ne forment pas une lame en spirale continue comme celle de l'intestin des Chirocentres ou de l'œsophage des Chanos.

Le foie est petit, presque entièrement situé à la droite de l'œsophage; il est mince, triangulaire et terminé en pointe assez aiguë. Sous la branche montante, la partie antérieure du foie s'épaissit un peu, et se porte vers le côté gauche; c'est sur cette portion que l'on trouve la vésicule du fiel assez grosse par rapport au volume du foie : elle est globulaire et presque adhérente sur l'intestin au delà du pylore : le canal cholédoque est court. La rate est oblongue, attachée sur l'intestin à l'endroit où il atteint l'extrémité des plus longues appendices pyloriques.

Les deux laitances, à l'époque où je décris le hareng, remplissent presque toute la cavité abdominale : elles sont plus épaisses du côté du dos que vers le ventre : elles paraissent subdivisées en plusieurs petits lobules : elles se rendent chacune dans un conduit unique, qui longe la face supérieure du rectum et qui vient déboucher au delà de cet intestin dans un petit conduit qui a l'apparence d'une papille, mais qui ne peut être considéré comme une verge semblable à celle de plusieurs autres espèces de poissons. Les sacs ovariques sont de leur côté remplis d'une immense quantité d'œufs très-peu adhérents à toute la face ventrale de ce sac; les deux ovaires débouchent presque en même temps et par un canal excessivement court, au delà du rectum, dans une sorte de cloaque. En écartant les organes digestifs et génitaux, on trouve dans le haut de la cavité abdominale, à sa place ordinaire, une très-longue vessie aérienne étroite, pointue aux deux extrémités. La pointe de devant est longue et forme une sorte de véritable col tubuleux adhérent à la colonne vertébrale et terminé en un petit bouton arrondi; vers les deux tiers de la face inférieure de la vessie on voit naître le canal pneumatique qui communique avec l'extrémité de la pointe de l'estomac dont il semble être la prolongation. Si l'on insuffle l'intestin par le rectum, en ayant soin de fermer l'œsophage, on gonfle très-aisément la vessie et on peut la dilater beaucoup. Comme celle de tous les poissons, elle est formée d'une membrane propre excessivement mince et d'une seconde tunique extérieure fibreuse et argentée. Son extrémité antérieure remonte jusqu'à la première vertèbre et touche au basilaire; elle est retenue dans sa position non-seulement par le repli du péritoine ou par le tissu cellulaire qui l'entoure, mais il y a encore de chaque côté de la base du crâne un petit ligament filiforme attaché d'une part à la membrane propre de la vessie et inséré par son autre extrémité sur le mastoïdien. Je crois du moins que c'est bien à cet os qu'il prend son attache. Je me suis assuré par des sections répétées et par l'examen microscopique que cette bride est pleine et sa composition élémentaire est très-semblable à celle des tissus cartilagineux. On distingue au moyen d'un fort grossissement de nombreux cystoblastes qui m'ont rappelé tout à fait ceux que l'on voit quand on étudie la composition élémentaire des cartilages. J'insiste avec beaucoup de soin sur la nature de cette bride, parce que presque tous les anatomistes se sont trompés sur ce ligament, et qu'ils l'ont considéré comme un petit canal creux servant à établir une communication entre la vessie aérienne et l'intérieur de l'oreille. Je me suis assuré par tous les moyens anatomiques qui peuvent être employés, que cette communication n'existe pas plus dans le Hareng que dans la Sardine ou dans l'Alose. Aucune injection n'a pu passer de la vessie dans la boîte cérébrale. J'ai ouvert le crâne d'un hareng, et le sac de l'oreille d'un côté, et j'ai enlevé entièrement celui de l'autre côté. J'ai rempli d'air la vessie en l'injectant par l'estomac. Pas une bulle d'air ne s'est échappée de l'organe, après que la préparation a été plongée plusieurs jours dans l'alcool. Il ne peut donc rester de doute à cet égard; ces brides ne sont pas des tubes creux.

En enlevant la vessie aérienne on trouve comme à l'ordinaire entre elle et la colonne vertébrale, les reins qui s'étendent depuis les grands sinus veineux de la tête jusque vers les quatre cinquièmes de la cavité abdominale, et ils paraissent réunis en un seul lobe dans la plus grande partie de leur longueur; de l'extrémité sortent deux uretères, qui donnent dans une vessie urinaire cylindrique étroite, à parois très-grêles, derrière l'ouverture des organes de la génération.

Les recherches que j'ai faites sur les organes de la circulation du hareng me prouvent que l'aorte, engagée dans l'étui que lui offre la colonne verté-brale, est d'un diamètre assez considérable par rap-port au volume du corps. Je lui vois donner la grande artère de l'estomac à peu près au septième de la longueur de la cavité abdominale, et, ce qui est remarquable, c'est que ce vaisseau traverse le grand sinus veineux rénal dès sa naissance, que, par conséquent, cette artère est baignée dès son origine par le sang veineux. La branche qui longe l'estomac et qui fournit à ce viscère est assez grosse; elle donne un second rameau également considé-rable qui se perd dans le repli mésentérique des cœcums. Une autre remarque non moins impor-tante doit être faite à l'égard de l'artère des organes de la génération ou de la spermatique. Je la vois sortir comme une artère primitive de l'aorte même

à peu près vers le milieu de la longueur de l'ab-
. domen. Dans la plupart des autres poissons que j'ai
injectés, ce vaisseau sortait le plus souvent de la
branche intestinale. Quant aux veines, on les voit,
comme dans tous les poissons qui vivent à de grandes
profondeurs, être en général fort grosses et se dilater
en des sinus qui sont surtout volumineux le long
de la partie antérieure du rein à peu près pendant
le premier tiers de la longueur de cet organe, car
en arrière je ne trouve plus à la grande veine-cave
qu'un diamètre fort ordinaire. Le cœur, placé comme
à l'ordinaire dans les poissons, est petit et trièdre;
son oreillette est grande, très-mince et reçoit directement les ouvertures des deux grands sinus de la
tête. Deux valvules assez larges sont à chacun de
leur orifice.

Le squelette du hareng paraît composé d'un beaucoup plus grand nombre de pièces que celui de
beaucoup d'autres poissons, à cause de la quantité
considérable d'arêtes interposée entre les faisceaux
musculaires. Il n'est pas impossible de ramener sa
description, en ce qui touche les parties principales,
à celles que nous avons faites du squelette des autres
poissons en suivant la même méthode. Nous allons
commencer par décrire le crâne; nous parlerons
ensuite des os de la face. Il est étroit, pointu en
avant et ayant la forme irrégulière d'une pyramide
à trois faces. Les deux frontaux principaux en cou-
vrent toute la face supérieure; ils sont relevés en
carène au-devant des yeux et un peu concaves en
arrière de l'orbite. L'ethmoïde dépasse les frontaux

et commence à former cette saillie que nous voyons
plus sensible dans les anchois et dans les espèces voisines de ce dernier genre, parce que les côtés de cet
os sont cachés dans le hareng par les intermaxillaires.
Les pariétaux sont excessivement étroits et l'interpa-
riétal se trouve tout à fait rejeté et reculé sur la face
occipitale du crâne. Il n'y a pas de crête interparié-
tale. Les deux occipitaux latéraux sont assez larges ;
ils portent tout à fait sur les côtés de la tête les
deux mastoïdiens qui sont repliés sur eux-mêmes
et font avec les occipitaux latéraux et la grande aile
sphénoïdale une fossette analogue à la grande fosse
que nous avons indiquée dans la carpe et qui se
retrouve dans tous les autres Cyprins. Mais il y a
de plus sous le bord externe du frontal un trou
ovale fermé dans l'état frais par les membranes adi-
peuses de la tête. Ce trou communique directement
dans l'intérieur du crâne. A la vérité, nous ne trouvons plus dans le hareng les grands trous ovales
pratiqués à travers les occipitaux latéraux des Cyprinoïdes. Le basilaire du hareng est oblong ; sa face
inférieure est relevée par deux petites crêtes osseuses
qui se continuent avec deux lamelles semblables du
sphénoïde et forment, à la face inférieure du crâne,
une sorte de gouttière ou de canal presque entièrement fermé. De chaque côté nous voyons la grande
aile du sphénoïde s'étendre pour couvrir presque
toute la paroi inférieure du crâne ; elle est renflée
en son milieu en une bulle osseuse assez saillante,
complétement creuse, et qui n'a aucune communication avec l'intérieur de la cavité du crâne. J'insiste

sur cette circonstance, parce qu'il me paraît que quelques anatomistes l'ont désignée comme l'oreille interne du poisson. Derrière cette saillie arrondie on voit un petit trou qui donne passage aux nerfs de la huitième paire, et c'est au-dessus et au delà que l'on voit s'attacher la lame inférieure du mastoïdien qui porte tout l'appareil de l'oreille interne comme c'est l'ordinaire dans les poissons. C'est en arrière du trou de la huitième paire et au bas de la petite crête du basilaire que l'on voit l'insertion du ligament de la vessie.

En décrivant les parties extérieures du poisson, nous avons déjà fait connaître la plupart des os de la face. Nous ajouterons que le temporal et la caisse du tympan complètent au-devant du préopercule la grande arcade ptérygo-palatine. Le jugal est étroit et triangulaire; la caisse, un peu courbée en dedans, donne une apophyse lamellaire qui va rejoindre le corps du sphénoïde.

La colonne vertébrale se compose de cinquante-cinq vertèbres, dont les trente-trois premières portent des côtes. De ces vertèbres abdominales les vingt-deux premières ont leurs apophyses transverses, écartées et distantes l'une de l'autre. Les dix qui suivent ont ces apophyses réunies par une bride osseuse, transverse, qui forme sous la colonne vertébrale le commencement de ce conduit annulaire, continué sous les apophyses épineuses et inférieures des vertèbres caudales et qui logent l'aorte. Comme les parois de ce vaisseau, quoique très-minces, sont assez fortement adhérentes à ces petites brides osseuses, j'en ai profité pour injecter facilement le système artériel des harengs, en faisant passer l'injection par le conduit des dernières vertèbres caudales.

Les côtes sont grêles; les deux premières vertèbres n'en portent pas, de sorte que je n'en compte que trente et une paires. Elles sont très-fines, et chacune d'elles s'articule par son extrémité inférieure aux apophyses styloïdes des os en V, que nous avons déjà fait connaître en décrivant les parties extérieures du poisson. L'extrémité supérieure de la côte porte une longue apophyse horizontale qui commence cette série des arêtes du hareng. Cette apophyse, articulée sur les vertèbres, devient un os distinct et séparé le long des muscles de la queue, chacune d'elles donne alors de son milieu une petite apophyse inférieure qui s'enfonce dans l'intervalle des muscles et donne attache à plusieurs de leurs faisceaux.

L'on voit à la base des apophyses épineuses supérieures des premières vertèbres, de longues aiguilles, semblables à celles que nous venons d'observer le long des côtes; elles sont toutes parallèles entre elles, dirigées un peu obliquement vers le dos du poisson, et des arêtes, semblables à celles que nous avons indiquées dans les muscles inférieurs de la queue, suivent en remontant vers le dos de cet organe. Enfin, le long de chaque côté de la queue nous trouvons une suite de petites arêtes courtes disposées longitudinalement. On peut donc retrouver facilement la disposition de ce nombre si considérable des arêtes du hareng, qui se compose de trente paires de côtes avec la série de leurs trente apophyses horizontales, ayant au-dessus d'elles un même nombre d'arêtes attachées à la base des apophyses épineuses supérieures; puis, de deux séries, l'une supérieure, l'autre inférieure, de trente-deux paires d'apophyses interposées entre les faisceaux des muscles sacro-coccygiens, ce qui constitue donc autour de la colonne vertébrale, une double série d'arêtes comprenant au moins deux cent cinquante-six pièces. A ce nombre il faut ajouter vingt-quatre interépineux supérieurs, dont treize seulement se rapportent à la dorsale, et dix-huit interépineux inférieurs pour soutenir les rayons de l'anale.

Je viens de donner avec détail la description, aussi complète que j'ai pu la faire, d'un poisson qui vient par millions dans l'intérieur de nos villes, et qui, à l'état frais, est servi sur presque toutes les tables. Nos marchés de Paris s'approvisionnent de harengs pêchés dans la Manche et expédiés principalement des ports de Dieppe et de Calais. Chacun de ces ports réunit les pêches des bassins de l'Océan qui les environnent. Il faut bien que ces bassins aient chacun des variétés particulières de harengs; car les marchands savent très-bien distinguer par l'aspect, la provenance de ces poissons. Il n'est pas difficile de reconnaître, avec un peu d'habitude, le hareng de Calais, qui a le corps allongé, un peu aplati ou comprimé sur les côtés et de le distinguer du hareng

de Dieppe, qui est plus arrondi et plus trapu.
Je crois que ces différences de formes extérieures dépendent de l'époque variable du frai
du poisson. Nous verrons plus bas que quelques
naturalistes croient à deux espèces de harengs.

Les plus grands exemplaires que nous rece-
vons sur nos marchés, n'ont guère que dix
pouces à dix pouces et demi de longueur; mais
nous voyons le hareng atteindre à des dimensions beaucoup plus considérables dans les
mers du Nord. Nous en avons reçu du Musée
de Berghem de treize pouces et demi de longueur. J'ai examiné avec le plus grand soin
ces grands individus, et je n'ai pu y découvrir la moindre différence spécifique.

Une remarque qui est importante, c'est que
dans ces mers septentrionales, jusque dans la
mer Blanche, tous les individus ont une grosseur invariable, toujours supérieure à celles
de nos harengs de la Manche, dont les petites
dimensions sont également constantes. N'est-
ce pas une des preuves négatives les plus évi-
dentes à opposer au système migratorial des
harengs? Peut-on concilier dans cette hypothèse la grosseur invariable des premiers avec
la petitesse constante des seconds, et admettre
en même temps que nos bassins de la mer du
Nord ou de la Manche se remplissent d'indi-

vidus venant en légions innombrables des régions polaires?

Il faut nécessairement admettre la résidence de ces poissons sur des fonds différents où la diversité de la grandeur et de la grosseur constitue autant de variétés ou de races qui se perpétuent par voie de génération. On attribuera sans doute ces différences de taille à l'influence climatérique, explication très-vague, quoiqu'elle semble satisfaire d'abord l'esprit, qui se contente souvent d'une réponse peu solide, si elle ne répugne pas à la raison. Mais que l'on sonde les difficultés du problème, on voit notre ignorance d'un phénomène aussi extraordinaire déguisée par l'incertitude de ce grand mot. Comment concevoir, en effet, que par la seule influence du climat, la nourriture assimilée dans la nutrition intime par telle plante, lui fasse prendre un développement considérable dans une région, et rester petite ou rabougrie dans telle autre, où cependant elle végète, elle développe ses organes de reproduction et où elle remplit, comme l'autre, les mêmes phases de conditions vitales, sans atteindre jamais à la même grandeur? Nous voyons ordinairement les individus d'un animal devenir souvent de plus en plus petits, à mesure qu'ils s'avancent de nos climats plus chauds vers les régions polaires. Dans l'espèce des Harengs, c'est un phénomène inverse. Le poisson est plus grand auprès du cercle polaire que dans nos mers qui baignent nos côtes plus tempérées. Un phénomène semblable a lieu chez les fucacées dans le règne végétal, les laminaires décroissent en avançant du pôle vers nos côtes où la température est plus douce. Il semble que la nature se prépare à faire disparaître ces espèces en s'approchant encore des régions plus méridionales. Ces phénomènes tiennent aux lois inconnues de la fixité et de la distribution des espèces sur la surface de la terre. Dans ces expériences que la nature nous montre toutes faites, nous trouvons la preuve que l'homme peut quelquefois, par son industrie, transporter momentanément certaines espèces, mais qu'il ne peut les établir indéfiniment dans les localités où la nature ne les a pas créées.

J'ai porté mon attention sur ces nombreux petits poissons dont la longueur varie depuis trois pouces jusqu'à six et qui se vendent sur nos marchés de Dieppe, de Caen, d'Abbeville, de Calais, sous les noms de Harenguettes et de Blanches. Quoique les réunions de ces petites clupées soient formées de plusieurs espèces confondues ou mal déterminées même par les pêcheurs, j'ai reconnu parmi elles, en exa-

minant leurs dents, les jeunes de l'espèce
du hareng commun. Les petits poissons que
M. Baillon nous a envoyés, sous le nom de
Blanches, de la baie de la Somme, et qui y
pullulent pendant les mois de juin et de juillet,
ont la dentition et le nombre des vertèbres du
hareng adulte. On ne peut donc se refuser à
les regarder comme de jeunes harengs. J'ai
retrouvé les mêmes caractères sur les petits
harenguets, envoyés aussi pendant l'été de Caen
par M. Lamouroux ; ils établissent que ceux-ci
ne sont certainement que les jeunes du hareng.
M. Eudes Deslongchamps, professeur à la fa-
culté des sciences de cette ville, a eu aussi
l'obligeance de m'envoyer récemment et à ma
prière une quantité considérable de ces petits
harenguets. Dans ce grand nombre de poissons,
je n'ai trouvé qu'une seule petite Melette, tous
les autres étaient de l'espèce du hareng. Ce
savant professeur a été aidé dans ces nouvelles
recherches par M. le docteur Fourneaux. Je
me fais un devoir de donner à ces amis des
sciences le témoignage de ma gratitude. Je suis
obligé d'insister sur ces déterminations, parce
que je trouve dans les notes que M. Baillon
me transmettait, en m'envoyant les Blanches
du Crotoi, que les pêcheurs de la côte les
regardaient comme d'une espèce distincte.

Elles entrent dans la baie au commencement du printemps, et elles y restent pendant tout l'été. Les pêcheurs ne prennent pas ce fretin : habitude fort heureuse ; car, s'il en était autrement, on verrait diminuer très-promptement et d'une manière sensible les bancs du hareng adulte. Comme ces Blanches sont très-abondantes dans la baie, elles servent presque exclusivement de nourriture au *sterna minuta,* qui niche en très-grande quantité à la pointe du Hourdel. On voit, à cette époque des nichées, ces petites hirondelles de mer s'envoler avec une petite clupée dans le bec pour la porter à leurs petits. Ces Blanches ou ces Harenguets ne sont donc pas une espèce particulière, mais le frai de l'année précédente qui est resté sur la côte jusqu'à ce qu'il ait atteint une taille assez considérable pour s'enfoncer dans les profondeurs de l'Océan, d'où les individus ne sortiront peut-être que lorsqu'ils auront atteint leur entier développement et qu'ils seront en état de se reproduire.

Le Hareng n'existe que dans l'Océan septentrional ; il commence à devenir très-rare dans le golfe de Gascogne ; je vois cependant que M. d'Orbigny l'a trouvé à La Rochelle. Mais parmi les nombreux poissons que le Muséum a reçu de ce zélé correspondant, il ne s'est trouvé qu'un seul individu. L'espèce est donc rare à cet endroit. On pourrait étab'ir que sa limite est vers l'embouchure de la Loire; au delà il n'y a plus que des individus égarés. Il est certain que l'espèce n'existe pas non plus dans la Méditerranée. Il y a dans la mer Noire une espèce particulière dont on fait un grand commerce à Odessa. Cette observation est importante, car elle explique comment Salviani n'a pas parlé du Hareng. Belon qui a voyagé, comme on le sait, dans le Levant, a fait connaître un plus grand nombre de poissons de la Méditerranée que de la Manche. Quoique né en Normandie, il a fort mal connu le Hareng, et il a appliqué le nom de ce poisson à la Sardine, dont il a donné une assez bonne figure. Il dit que l'affinité du Hareng et de la Sardine est si grande que l'on peut à peine les distinguer par le dessin. Il est d'ailleurs facile de voir, en lisant son article, qu'il n'a parlé du Hareng que de souvenir, et qu'il l'a constamment confondu avec la Sardine, en n'établissant d'autre différence entre ces deux espèces que celle de la grandeur.

Rondelet[1] a donné du Hareng une figure qui est beaucoup moins bonne que la plupart des autres de son ouvrage. Ce qu'il y a d'im-

---

1. Rond., *De pisc. fluv.*, p. 222.

portant dans son texte, c'est qu'il y établit déjà d'une manière positive que l'espèce du Hareng habite seulement dans l'Océan, et que ceux-là se trompent qui croient avoir vu des harengs dans la Méditerranée. Ces observateurs prennent, dit-il, pour ces derniers poissons, d'autres espèces, désignées sous le nom de *Trattæ parvæ.* Celles-ci ressemblent tellement aux harengs et aux sardines qu'on peut les confondre facilement. Il m'est impossible de savoir ce que cet ichthyologiste, si remarquable pour son temps, appelle ainsi.

Gesner [1] copie, comme à son ordinaire, Rondelet et Belon ; mais dans son corollaire il ajoute qu'on se trompe, en prenant le Sprat des Anglais pour un jeune hareng, et le Pilchard pour l'âge moyen ; puis il essaie de distinguer, mais sans le caractériser, un très-petit poisson de la mer du Nord, qu'il appelle *Halec,* et un autre que l'on pêche quand les harengs ont quitté le canal et qu'il nomme *Harenga.* Il dit aussi que les petits poissons, nommés à Marseille *Harengades,* sont de petites aloses. Enfin, il ajoute à son texte une figure originale du Hareng, meilleure que celle de Rondelet et de Belon. On ne peut vraiment pas citer,

----

1. Gessn.. *de aqual..* p. 408.

pour les faire entrer parmi les synonymes d'une
zoologie critique, les figures d'Aldrovande, et on
peut aussi négliger Schöneveld[1] et Schwenck-
feld[2]. Mais il faut donner une attention plus
spéciale au petit traité publié à Lubeck, en
1654, par Neucrantz[3], où l'on trouve des observations importantes sur les mœurs et les apparitions des harengs dans la mer du Nord.
Nous en reparlerons plusieurs fois, en écrivant
l'histoire de la pêche de ce curieux poisson.

Nous arrivons maintenant, en suivant l'ordre
chronologique des auteurs, à Willughby[4]. Il
donne une description détaillée du Hareng et
indique les différentes variétés que les pêcheurs
ou les commerçants distinguent, selon les diverses préparations qu'ils font subir à ce poisson.

Après avoir mentionné les auteurs généraux
qui ont écrit sur le Hareng, nous arrivons à Duhamel qui, dans son Traité des pêches, a con-
sacré la troisième section tout entière à l'histoire des poissons de cette famille. Il a pris
l'Alose pour type principal de ce groupe, à
cause de la grandeur du poisson, et il a con-
sacré tout le chapitre III au Hareng en parti-

---

1. Schön., p. 37.
2. Schw., p. 451.
3. P. Neucrantz, *De harengo, exercitatio medica.*
4. Will., p. 219.

culier. Après avoir donné des considérations générales sur le Hareng et sur les prétendus voyages de ces poissons, qu'il décrit d'après Anderson, il fait connaître par une description très-longue le *Hareng plein,* le *Hareng gai,* et il passe ensuite à ce qui faisait l'objet spécial de son ouvrage, à tout ce qui peut avoir rapport à la pêche du hareng, aux salaisons que l'on en fait ou à la manière de le saurir, et il renvoie dans un dernier chapitre la description d'un nombre assez considérable de petits poissons que ses nombreux correspondants et la haute protection qu'il recevait du gouvernement d'alors, lui faisaient parvenir en nature, ou par des dessins que lui envoyaient les différents commissaires de l'amirauté. Il faut bien avouer qu'il a fort mal employé tous ses matériaux; car il laisse dans les plus grandes incertitudes sur tous les poissons qu'il a représentés aux planches XVI et XVII de cette section. Nous tâcherons cependant d'y revenir aux articles spéciaux de chacune de ces petites espèces; et quant au Hareng en particulier, les deux figures qu'il a données sur la planche IV de cette même section, celle n.º 1 d'un Hareng plein, et l'autre, n.º 2, d'un Hareng gai ou vide, sont loin d'avoir l'exactitude qu'un zoologiste peut désirer, quoiqu'elles soient cependant plus reconnaissables qu'aucune des figures publiées avant lui. Il résulte de ces observations que, si Duhamel a rendu service au commerce par les documents qu'il a pu donner dans son ouvrage, il n'a véritablement avancé en aucune façon l'histoire naturelle du Hareng et des espèces voisines.

Un peu avant Duhamel, James Solas Dodd, chirurgien de Londres, publia un Essai de l'histoire naturelle du Hareng. Il n'était point naturaliste, et manquait en même temps d'une critique assez sévère pour suppléer par cette qualité à ce que l'absence de ses connaissances en histoire naturelle laissait à désirer. S'il eût rempli convenablement le plan qu'il s'était tracé, son petit traité spécial sur le Hareng eût été certainement fort utile; mais il s'est malheureusement plus étendu sur les propriétés médicales que sur ce qui avait rapport à l'histoire naturelle de ce poisson, et l'on conçoit facilement d'après cela combien nous avons peu à tirer de cet ouvrage.

Pennant, dans sa Zoologie britannique, a naturellement parlé du hareng; il en donne une description très-courte; il le croit un habitant de nos mers septentrionales, qui émigre jusque sur les côtes de l'Amérique, et s'avance jusques vers la Caroline du sud; il croyait aussi qu'on le trouvait dans les mers du Kamtschatka ou du Japon. Adoptant les idées d'Anderson, il fait de même voyager le hareng par bandes régulières, qui manœuvreraient en quelque sorte en ordre de bataille. Il a donc très-peu ajouté à l'histoire naturelle de ce poisson.

Nous voilà arrivés à la grande Ichthyologie de Bloch, où l'article sur le Hareng tient une place importante. Il est le premier qui ait opposé quelque doute au récit merveilleux et ingénieux des migrations du hareng, et la raison qu'il en donne est déjà très-forte. Après avoir présenté quelques considérations sur les préparations, la pêche et les produits qu'elle fournit, après avoir montré que les cargaisons de Berghem emportent tous les ans près de cinq cents millions de harengs, que les Hollandais en détruisent trois cents millions, et après avoir ainsi suivi cette destruction vraiment prodigieuse chez les différents peuples de l'Europe, il parle aussi de la préparation de ces animaux; et il termine son article par quelques documents sur le commerce du hareng, sur celui de l'huile que les Suédois tirent de ce poisson; mais, quant à l'histoire naturelle du hareng proprement dite et à celle des petites espèces voisines, il a vraiment très-peu avancé cette question; car la description de l'animal n'est pas à beaucoup près assez détaillée, et la figure qu'il a donnée du poisson n'est pas non plus exempte de tout reproche.

C'est d'après Bloch et Duhamel que M. de Lacépède a composé son article du Hareng. Il a, comme à son ordinaire, adopté sans critique ce que ses prédécesseurs en avaient dit, et, ce qui est remarquable, c'est que Noël de la Morinière qui correspondait avec lui et qui lui a donné des notes sur plusieurs espèces voisines de ces clupées, ne paraît pas lui avoir communiqué celles qu'il avait réunies sur le hareng. Je crois en trouver la raison dans le projet que cet auteur de l'histoire des pêches avait formé, mais qu'il n'a point exécuté, de donner une histoire naturelle des harengs.

Si de ces auteurs généraux nous passons à ceux qui ont écrit des faunes spéciales de différents pays, nous voyons le hareng cité dans tous les ouvrages qui traitent des contrées septentrionales. Ainsi, Linné le nomme dans le *Fauna suecica* [1], mais en copiant trop exactement la synonymie d'Artédi. Müller l'indique dans le *Fauna danica* [2]; Fabricius l'inscrit

-----

1. P. 120, n.° 315.
2. P. 49, n.° 421.

dans sa Faune du Grœnland; mais il remarque que ce poisson doit être compté parmi les plus rares de ce pays. On lui a dit cependant que les harengs étaient plus communs sur les côtes australes, et Eggede[1] confirme, sous ce rapport, l'opinion de Fabricius. Je trouve toutefois le hareng indiqué dans le *Fauna grœnlandica* de M. Reinhardt, page 33, n.° 31. Low[2] l'indique aussi dans sa Faune des Orcades; Faber[3] en parle dans celle de l'Islande, et avant lui, Olavius[4] et Mohr[5] n'ont pas négligé de signaler cette espèce dans leur ouvrage sur cette contrée. Il en est de même de Olafsen, Leem, Pontoppidan, Ström. Tous ces auteurs ont donné des documents précieux, qui ont, cependant, plus rapport à la pêche qu'à la véritable histoire naturelle du poisson. Faber a d'ailleurs manqué de justesse dans sa synonymie, en ajoutant Brunnich à la liste des Ichthyologistes qui ont parlé du hareng. Ekström a donné aussi une dissertation fort étendue sur ce poisson dans son Histoire naturelle des pêcheries du Mörkö.

---

1. Egg., Descript. du Grœnl., p. 69.
2. Low, *Faun. Orcad.*, p. 226.
3. Fab., *Faun. island.*, p. 182, n.° 2.
4. Olav., *Island. Reise*, p. 82, n.° 1.
5. Mohr, p. 82, n.° 141.

Il y indique les différents noms et les divers états du hareng sur les côtes de Norwége.

Nous trouvons aussi ce poisson cité par presque tous les naturalistes anglais; ainsi il faut ajouter à Pennant les noms de Turton[1], Couch[2], Fleming[3], Jennyns[4], Yarrell[5]; j'avoue à regret que je ne suis pas aussi content de la figure que ce savant ichthyologiste a donnée du hareng que de celle des autres espèces représentées dans cet élégant ouvrage. Il a dessiné l'ouverture de l'ouïe avec une échancrure si profonde au devant de la pectorale, et il a fait les écailles si grandes, que s'il n'avait pas publié le Pilchard avec les stries caractéristiques de son opercule, j'aurais pris volontiers la figure sur laquelle je fais ces observations pour celle de cette espèce plutôt que pour la représentation du hareng.

C'est en profitant des nombreux renseignements que ces auteurs m'ont fournis, et en mettant à profit les notes que j'ai trouvées dans les manuscrits de Noël de la Morinière, où ce laborieux antiquaire avait malheureusement

---

1. Turt., *Brit. Faun.*, p. 106, n.º 110.
2. Couch, *Poiss. de Corn. linn. societ. transact.*, 86.
3. Flem., *Brit. ann.*, p. 182.
4. Jenn., *Brit. verteb.*, p. 434, n.º 116.
5. Yar., *Brit. fish.*, p. 110.

inscrit un grand nombre d'erreurs à rectifier, que j'ai essayé de composer l'histoire naturelle de ce poisson.

Presque tous les naturalistes et les voyageurs s'accordent à dire que le hareng se trouve également sur les côtes d'Amérique comme sur celles d'Europe. Plusieurs ont même rapporté, d'après Anderson, que les légions innombrables de ces poissons sortant des mers du Nord, se séparaient en deux grandes cohortes lorsqu'elles étaient arrivées à la hauteur de l'Islande, et que l'une d'elles allait remplir les vastes baies de l'Amérique septentrionale. S'il en était ainsi, il s'ensuivrait que le hareng apparaîtrait sur les côtes américaines à peu près à la même époque que ce poisson vient se montrer sur les côtes d'Europe; or, c'est à la fin de mars ou en avril que la baie de Chesapeake est remplie de harengs, tandis que c'est pendant l'hiver qu'ils apparaissent sur les côtes d'Europe. Mais, d'ailleurs, ce qui tranche d'une manière bien plus évidente la question, c'est que nous donnerons dans un des articles suivants la description du hareng de ces contrées, et l'on verra qu'il est d'une espèce certainement distincte.

On prétend que le hareng meurt aussitôt

qu'il est sorti de l'eau; qu'on essaierait en vain de le rappeler à la vie en le tirant du filet et en le rejetant à la mer. Cette assertion a obtenu un tel crédit qu'elle a donné lieu à plusieurs proverbes : *As dead as a herring*, disent les Anglais. M. de Lacépède a même essayé d'expliquer, par de très-longues considérations physiologiques, fondées sur la grandeur de l'ouverture branchiale du hareng, la cause de cette mort prétendue si prompte. Le fait est que cette assertion est tout à fait exagérée. On trouve déjà plusieurs remarques dans quelques auteurs qui ont écrit sur le hareng, qui la combattent victorieusement. Neucrantz[1] a vu un hareng vivre encore plus d'une heure après qu'il eût été mis sans précaution et avec d'autres poissons de son espèce sur une voiture qui venait de parcourir un mille d'Allemagne. Sagard[2], missionnaire en Canada, observe qu'il a vu des harengs sauter sur le tillac lorsqu'on ramenait les filets, et cela pendant assez longtemps avant de mourir. Noël de la Morinière dit qu'il a vu des harengs vivre deux à trois heures hors de l'eau, qu'il en a tenu dans ses mains et qu'il les y a vus vivre pendant plus

---

1. Neucr., *Exercit. med. de harengo*, p. 21.
2. Sag., Hist. du Canada, II, p. 155.

d'une demi-heure. J'ai vu également, à Dieppe, apporter des harengs pris dans des parcs assez éloignés de la ville; ils sautaient dans les paniers, quoiqu'il y eût eu plusieurs heures que les poissons étaient tirés de l'eau. Il faut, d'ailleurs, faire attention que cette assertion n'est répandue que d'après les rapports des pêcheurs au grand filet. Or, ils retirent les poissons étranglés dans les mailles, où ils se sont encolletés, de sorte que, dans ces circonstances, les poissons meurent sous l'eau, pas un seul n'en sort vivant. Il est certain que la vie des harengs, quoique moins tenace que celle d'un grand nombre d'autres poissons, peut se prolonger plus qu'on ne le croit communément. Ils résistent beaucoup plus que l'Alose, qui meurt presque immédiatement dans le filet. Noël a fait, d'ailleurs, quelques expériences qui montrent que la tenacité vitale du hareng permet quelques mutilations, auxquelles il ne succombe pas plus vite que les autres poissons si on tient les individus dans l'eau. Il leur a coupé les nageoires; il leur a ouvert l'abdomen, et il a vu les opercules battre pendant vingt-neuf minutes. On sait aussi que le hareng peut rester emprisonné sous la glace: c'est même un moyen de pêche dans certaines baies de la Norwége.

Presque tous les pêcheurs s'accordent à dire que le hareng jette un petit cri avant de mourir. Anderson a fait la même remarque en Écosse. Les Anglais appellent *squeack,* ce bruit qui est une onomatopée assez exacte du son que le hareng produit. Noël de la Morinière assure l'avoir entendu. Je n'ai pas eu occasion d'être témoin de ce fait; mais il ne m'étonne pas, parce que j'ai souvent entendu le bruit que rendent les Barbeaux, (*Cyprinus barbus*), et il me paraît tout à fait comparable à ce que je viens de rapporter du hareng.

Cette clupée ne paraît pas remonter régulièrement dans les rivières d'Europe comme le font les aloses. Si quelques auteurs admettent que le hareng entre dans les rivières du nord de l'Asie ou du nord de l'Amérique, c'est qu'ils confondent des espèces étrangères, même au genre du hareng, avec le poisson dont nous parlons. Cependant on trouve quelques observations qui semblent établir que quelquefois des radeaux de harengs s'avancent assez loin dans nos fleuves. Ainsi, Bock[1] a conservé le souvenir qu'en 1733 des harengs entrèrent

---

1. Bock, *Versuch. vollst. Nat. und Handl. des Herings.* p. 48 et 49.

dans l'Oder jusqu'à une distance de trente
lieues de l'embouchure au-dessus du fleuve.
Depuis 1752 jusqu'en 1760 on vit affluer une
telle quantité de harengs dans la rivière qui
passe sous les murs de Gothembourg, qu'on
les pêchait avec des filets à la main dans les
canaux de la ville. Noël de la Morinière rapporte que cette clupée remonte dans les rivières d'Écosse ou d'Angleterre, que les harengs
ont été vus dans le Tay, aussi haut que Bal-
merinock près Cupar; ou dans le Clyde, jusqu'à
Broomlane près de Glasgow; et Bewerel dit
qu'au mois d'octobre de 1695 des bandes si
nombreuses de harengs fourmillaient dans la
Tamise qu'on les prenait à plusieurs milles au-
dessus de Londres avec des seaux. Noël a aussi
appris d'un pêcheur éclairé d'Écosse, Duncan
de Rothsay, qu'on ne pêchait jamais plus de
harengs dans le Loch Broom qu'à l'endroit
où les eaux douces se mêlaient aux eaux
salées. En Hollande, les pêcheurs de Mark,
de Hoorn, reconnaissent tous que, dans la
saison du frai, la rivière de Vollenhoven, en
Over-Yssel, est abondamment pourvue de
harengs. Ils ont plusieurs fois observé qu'à la
fin de l'automne ils pêchent plus de harengs
dans le *Zwart-vaart* ou *Canal noir*, à son
embouchure dans le Zuydersée, que sur aucun

fonds de pêche de cette mer. Ils en concluent que les harengs sont attirés par les eaux douces et qu'ils s'y rassemblent en plus grandes troupes que partout ailleurs.

Nous trouvons aussi des exemples de harengs remontant dans la Seine, aidés sans doute par les eaux de la Barre, près Quillebeuf; mais il paraît qu'ils n'entrent jamais dans la rivière qu'après avoir frayé. Il faut cependant faire bien attention que l'on a donné quelquefois le nom de hareng à des poissons brillants et argentés de genres tout à fait différents, et que les auteurs, trompés par la similitude du nom, ont dit, d'après cela, que l'on était même parvenu à acclimater des harengs dans des pièces d'eau intérieures. Ainsi, le *Fresh water Herring* du Loch Lomond, sur la côte occidentale d'Écosse, est une espèce de Salmone du genre Corégone.

Une opinion généralement répandue parmi les pêcheurs est que le hareng vit seulement d'eau, et même d'eau pure. Cette opinion est fondée sur ce que l'estomac et les intestins de ce poisson ne contiennent presque toujours qu'une matière grisâtre, fluide ou seulement visqueuse. D'autres auteurs prétendent que c'est seulement pendant le temps du frai que les harengs prennent quelque nourriture, parce qu'on trouve quelquefois dans l'estomac de très-petits poissons. Noël dit qu'on surnomme, en Écosse, ces harengs *Woolfish*. Cependant, déjà Pennant [1], qui remarque que l'estomac de ce poisson ne contient aucun indice de nourriture, avoue que, lorsque cette clupée a faim, elle se jette avec avidité sur la mouche qu'on lui présente et qu'on pourrait en prendre plusieurs milliers à l'hameçon. Pontoppidan [2] dit que sur les côtes de la Laponie orientale on prend quelquefois le hareng avec des lignes comme le Gade dorsch. Les pêcheurs de Vlaardingen assurèrent à Noël de la Morinière qu'ils en prennent souvent près des îles Shetland, à des haims amorcés avec de petits morceaux de hareng. Neucrantz [3] qui fit à Lubeck, vers le milieu du dix-septième siècle, une suite d'expériences pour reconnaître la nourriture du hareng, vérifia que l'estomac contenait souvent plusieurs douzaines de petits crabes, à moitié digérés et souvent aussi des œufs de différente nature et de diverses grosseurs. Fabricius [4] assure aussi que le hareng vit de petits crabes qu'il prend souvent à la

---

1. Penn., *Tour in Scotl.*, I, p. 374, et *Br. zool.*, t. III, p. 339.
2. Pontoppidan's *Finmarske mag.*, p. 220.
3. Neucr., *de Harengo*, p. 28.
4. G. C. Fabr., *Reise nach Norwegen*, p. 286.

surface de la mer dans les temps calmes et chauds. Othon Fabricius[1] a observé que les harengs rongeaient les fonds vaseux ou argileux, et quoiqu'il n'ait jamais trouvé d'animaux dans leur estomac, il en conclut que les harengs se nourrissent de petits vers. On pourrait. citer encore d'autres observations tirées de Leuwenhœck, d'Alströmer, sur la nourriture du hareng, où l'on voit qu'il dévore l'*Oniscus marinus*. C'est ainsi qu'on peut expliquer comment les intestins sont souvent remplis d'une matière rouge, coloration qui est due au changement de couleur du test de ces crustacés par suite de l'effet de la digestion. M. le docteur Robert Knox a bien voulu m'envoyer les petits crustacés que les pêcheurs écossais connaissent très-bien, et dont les harengs font leur principale nourriture. La petite collection que je dois à l'obligeante amitié de cet habile naturaliste, se composait de plusieurs espèces de genres différents. Les plus communs sont des Cyclops, le *Cycl. furcatus* de M. Baird, et le *Cycl. Stronici* du même auteur; petits entomostracés dont mon confrère et ami M. Milne Edwards a fait le genre Cyclopsine. Avec eux on pou-

---

1. Oth. Fabr., *Faun. Grœnl.*, p. 182.

vait observer des petits Gammrarus, mais trop jeunes pour les bien déterminer. Je suis heureux de remercier M. R. Knox de son extrême obligeance. J'ai de mon côté même observé, dans l'estomac des harengs, du frai de poisson, à peine gros comme des épingles, et je crois avoir reconnu parmi ces petits animaux du frai de son espèce. Les citations que j'ai prises dans les divers auteurs que je viens de rapporter et celles que j'ai pu faire, donnent donc la preuve que le hareng se nourrit à la manière de tous les autres poissons, en dévorant les divers animaux qui sont à sa portée. Elles réfutent ces erreurs populaires, cependant fort accréditées, et tendant à établir que le hareng ne se nourrit que de la vase dont ses intestins sont remplis.

Les nombreuses observations que l'on a faites sur le hareng démontrent aussi que ce poisson est sujet à plusieurs maladies. Une des plus singulières que je vais signaler ici et sur laquelle il y a certainement de nombreuses recherches à faire pour l'expliquer, est ce qui arrive souvent à la vessie natatoire du hareng. Lorsque le poisson a été battu par les mauvais temps, qu'il a été fatigué, la vessie aérienne se remplit d'eau et elle se dilate beaucoup. Les pêcheurs les nomment *Harengs à la bourse*

ou *Harengs aboutifs*. On rencontre fréquem-
mment ces harengs à la bourse, dans les eaux
de Boulogne, de Dieppe et même à l'embouchure de la Seine. Peut-on admettre, comme
une explication suffisante, que l'eau, intro-
duite en trop grande abondance dans l'estomac, finirait par entrer dans la vessie aérienne
en forçant le canal pneumatique?

On rencontre aussi des harengs qui sont
surchargés d'une quantité considérable de
graisse d'un jaune roussâtre, extrêmement
huileuse, qui donne à la chair un goût désa-
gréable, nauséabond, et que l'on dit malfai-
sante[1]. Souvent aussi le hareng contracte sur
les fonds de vase une maladie contraire : le
ventre se comprime; une matière visqueuse et
fétide remplit les intestins; la chair devient
sèche et coriace. Ces harengs se gâtent promptement; il paraît que c'est surtout après avoir
frayé qu'on les voit tomber en cet état. Les
individus ont le corps tellement amoindri
que les pêcheurs qui veulent prendre ces derniers bancs de harengs, se servent souvent de
filets dont les mailles sont plus petites que
d'ordinaire. Ström, Fabricius, Müller, prétendent aussi qu'une espèce d'annélide pâle,

---

1. Anderson, *Account of the Hebridge*, p. 359.

à lignes longitudinales rousses, se multiplie quelquefois en si grande quantité que la mer en devient toute rouge; elle donne des qualités malfaisantes au hareng qui les mange; aussi existe-t-il un règlement qui prescrit de laisser au moins deux jours dans le filet tout hareng *aatig*. Fabricius dit la même chose pour ceux qui ont mangé ce petit crabe désigné par lui sous le nom d'*Astacus harengorum*. On trouve aussi très-souvent des filaires dans les épiploons du hareng; c'est le *Filaria capsularia* de Rudolphi, qui y a aussi rencontré un *Ascaride* et le *Distoma ochreatum*. Les auteurs citent ces parasites comme une des maladies du hareng. Les recherches nombreuses que j'ai faites sur les Helminthes m'ont donné la conviction que ces animaux sont associés par la nature aux espèces sur lesquelles ils vivent, sans que leur présence soit un indice de maladie.

Enfin, je citerai une monstruosité assez commune dans le hareng, ainsi que dans beaucoup d'autres poissons, et qui consiste dans l'hermaphroditisme. M. Yarrell a communiqué, il n'y a pas longtemps, une observation de ce genre à la société zoologique de Londres. Je trouve dans mes notes, que j'ai observé deux cas de ce genre, l'un à Boulogne, en 1827, et l'autre, un peu plus tard, sur un hareng pris au marché de Paris.

L'incroyable fécondité du hareng a toujours fait l'étonnement du naturaliste. La constante énergie de cette puissance reproductrice dans cette espèce de Clupée donnerait des résultats si considérables en chiffres que le calcul en effraierait véritablement l'imagination. Si pendant vingt ans consécutifs on pouvait réunir la progéniture d'un seul hareng et la rassembler en masse, quel espace immense n'occuperait-elle pas dans l'Océan! Mais la nature conserve heureusement la balance des forces respectives. La destruction de tous les jours égale en somme la fécondité de toute une année. C'est pour cette raison que les philosophes considèrent les mammifères, les oiseaux et les poissons carnassiers non comme des ennemis destinés à détruire, mais comme des êtres bienfaisants et nécessaires à la continuelle harmonie des productions de la nature. Sans le concours de l'avidité des poissons, la mer serait bientôt surchargée de ses productions, embarrassée de ses propres richesses, et au lieu de procurer l'abondance aux nations, elle en deviendrait bientôt le plus terrible fléau. Bonnet, Buffon, Lacépède ont tracé de si magnifiques tableaux de toutes ces

images qu'il serait maintenant présomptueux
de vouloir y revenir après ces grands maîtres.
Au moment où le hareng se sent pressé du
besoin de frayer, il sort de sa retraite, ainsi
que le font tous les autres poissons, s'avance
près des rivages, où les femelles lâchent leurs
œufs que les mâles viennent féconder. Plusieurs pêcheurs de la Baltique assurent que
lors du frai on ne prend d'abord que des
harengs mâles et ensuite des femelles dans la
pêche du printemps. La pêche d'automne sur
les côtes de la Bothnie septentrionale a donné
lieu à cette remarque singulière qu'on ne pêche
jamais que des mâles et peu de femelles. Ces
remarques m'étonnent d'autant plus qu'elles
sont contraires à ce que l'on observe des autres
espèces de poissons dont les femelles com-
mencent presque toujours le frai. On pourrait d'ailleurs opposer à ces remarques celles
d'autres observateurs qui ont consigné, en
parlant de la pêche du hareng dans le golfe de
Finlande, que suivant les années on prend
tantôt plus de mâles, tantôt plus de femelles.
Les œufs tombent-ils constamment au fond
de l'eau dès qu'ils sont pondus et fécondés,
ou restent-ils quelquefois entre deux eaux et
près de la surface, c'est une question encore
indécise. Je trouve dans les notes de Noël de

la Morinière qu'un pêcheur se trouvant dans la mer du Nord, vit pendant un été la surface de l'eau couverte, sur une grande étendue, d'œufs de poissons qu'il crut être ceux du hareng. Le patron de la buyse eut l'attention de serrer le vent et de se détourner de la route dans la crainte de froisser et de détruire sans utilité ces myriades d'œufs qui semblaient nager dans une liqueur blanchâtre. Pennant, dans son voyage en Écosse déjà cité, rapporte également un phénomène à peu près semblable et qui mérite quelque attention. Pendant les mois de juillet et d'août, à la distance de quatre à cinq lieues des côtes de Scarborough, les pêcheurs lui ont dit que l'eau de la mer paraissait contenir une espèce de liqueur gélatineuse et grasse au milieu de laquelle flottent les œufs du hareng sur une épaisseur de deux à trois brasses. Ce qui a donné lieu à cette observation, continue Pennant, c'est qu'il s'en attache des portions aux cordes et aux câbles des ancres mises à la mer avant de commencer la pêche. Les pêcheurs anglais supposent que cette enveloppe gélatineuse sert à protéger et à nourrir le poisson nouvellement éclos. D'autres observations viennent encore corroborer celle-ci. Il n'est pas rare de trouver, dit-on, sur les rivages de la Baltique, de grandes lisières d'œufs de harengs poussés par les tempêtes et bientôt détruites par le froid. On voit quelquefois aussi les pilotis des jetées ou des digues couverts d'œufs de harengs, et quelquefois sur une épaisseur d'un pouce et demi à deux pouces. D'autres observations cependant tendent à démontrer que les œufs tombent au fond de la mer dès qu'ils sont fécondés, qu'ils s'attachent aux plantes ou aux corps sous-marins et s'y ramassent en pelotons. C'est l'opinion des pêcheurs de Dieppe, de Cayeux, de Boulogne et de Calais. Il arrive quelquefois à ces pêcheurs de recueillir des quantités considérables de frais dans la partie inférieure de leurs filets; elle y est souvent si abondante que le fond des barques en est couvert à une épaisseur telle qu'ils les rejettent à la mer avec des pelles. D'autres en retirent des masses avec la drague, d'autres ont souvent trouvé des œufs de harengs logés dans le tai des huîtres vides. Ces pêcheurs comparent le nombre des œufs qu'ils croient être déposés chaque année dans les eaux voisines de Dieppe, à celui des brins d'herbes qui couvriraient une vaste prairie. On peut d'ailleurs se rendre compte des différences que semblent présenter ces diverses observations rapportées plus haut, en réflé-

chissant aù nombre immense d'individus com-
posant un radeau de harengs, se pressant tous
à côté les uns des autres, quelquefois sur une
épaisseur de deux à trois pieds, et voulant
tous approcher de la côte pour y déposer leur
frai. Il est très-probable qu'une grande partie
du banc sera surprise par le besoin de frayer
avant d'avoir atteint le sable de la côte, et les
œufs lâchés dans le trajet resteront à flotter
entre deux eaux. Mais on sait d'ailleurs que le
hareng s'approche de terre à la distance d'un
demi-mille : qu'on voit les femelles se frotter
en quelque sorte contre les pierres, agiter
l'eau vivement et la troubler ; elles perdent
souvent par la vivacité de leurs mouvements
une partie de leurs écailles. On remarque
ensuite, très-souvent vers le lever du soleil,
que l'eau devient presque toute blanche par
la quantité de laiteuse que les mâles laissent
échapper. Cette blancheur s'étend quelquefois
jusqu'à plusieurs milles en mer.

Dès que le hareng a pondu, il essaie de
gagner la haute mer ; aussi, quand on en revoit
près du rivage, ce n'est jamais qu'en petites
troupes. Bloch croit, d'après des notes qu'il
avait reçues d'un pêcheur très-expérimenté
de la côte de Poméranie, que le hareng ne
lâche pas son frai d'une seule fois, mais qu'il

y aurait toujours un intervalle de quelques semaines entre une ponte et la suivante, et que le hareng ne s'éloigne de la côte qu'après avoir entièrement épuisé ses ovaires ou ses laitances. Mais Noël de la Morinière affirme au contraire très-positivement que le hareng ne fraie qu'une seule fois dans la Manche. Il ne dit pas cependant comment il s'en est assuré. La mucosité huileuse dont je viens de parler s'observe aussi dans la Manche. Les pêcheurs français lui donnent le nom de *graissin;* ils disent aussi quand ils l'aperçoivent que la mer est *pouilleuse,* et la plupart d'entre eux croient que le graissin est le meilleur indice qu'on puisse avoir de la présence du hareng. Mais il est certain que cette indication n'est pas toujours exacte. Les pêcheurs de Katwyck pensent que c'est un signe certain de l'abondance du chien de mer et particulièrement de l'aiguillat (*Squalus acanthias*) qui dévore les harengs, ce qui répand sur l'eau cette matière grasse et blanchâtre. Ce graissin répand une odeur nauséabonde, qui est quelquefois assez semblable à celle des odeurs spermatiques. Les femelles du hareng sont beaucoup plus nombreuses que les mâles, dans la proportion de sept contre trois. Harmer a donné, dans les

Transactions philosophiques[1], des tables de
la fécondité du hareng en ayant eu soin de
prendre le poids de la femelle, celui de la
rogue et le nombre d'œufs qu'elle contenait.
Il a vu le nombre d'œufs varier de 21,000 à
36,000. Mais Bloch en porte le nombre à
68,000. Il est facile d'expliquer ces variations
quand on réfléchit à la différence de grosseur
entre les poissons du Nord et ceux de nos
mers. On ne sait pas au juste combien de
temps les œufs sont à éclore. Les pêcheurs
de Boulogne disent que trente ou quarante
jours après le solstice d'hiver on tire quelquefois avec la drague des huîtres sans mollus-
ques, qui renferment entre leurs coquilles
une quantité considérable de petits harengs,
qu'ils comparent à des fourmis à cause du
point noir dont leur bec est marqué. On
confond quelquefois le frai du hareng avec
les jeunes Sprats. Nous avons déjà dit qu'on
les appelle aussi *blanches* ou *blanchailles*.
Tous les pêcheurs sont d'accord sur ce fait
que les petits de hareng ne se montrent à la
surface qu'après que le gros s'est retiré.

En résumant tous les faits précédemment
recueillis, on peut conclure que les harengs

---

1. *Phil. transact.*, vol. LVII, p. 291.

fraient sur les fonds de mer qui se présentent à eux sans affectionner de place. La ponte a lieu tantôt sur les fonds de sable, tantôt sur des lits de roche nue, tantôt sur les prairies sous-marines, quelquefois à la jonction des courants ou à l'embouchure des rivières, et enfin aussi au milieu de la mer quand les eaux sont tranquilles. On peut croire aussi que les harengs demeurent quatre ou cinq mois sur la côte, que ceux nés en été habitent le rivage jusqu'aux approches de l'hiver, qu'ils peuvent alors avoir atteint cinq à six pouces de longueur, que ceux nés en automne dans les mers de Suède, de Danemarck, de Hollande, d'Angleterre ou de France, y séjournent pendant l'hiver en se tenant à une profondeur un peu plus considérable. C'est là ce qui explique comment il y a certains radeaux de harengs composés de gros et de poissons de moyenne taille mêlés ensemble. Il paraît que le hareng fraie de bonne heure, car on prétend que l'on trouve déjà des ovaires très-développés dans des femelles de trois à quatre pouces de longueur. Mais on peut se demander ici si les observations sont exactes. Je ne m'étonnerais pas que l'on eût confondu les petites espèces de nos clupées, dont nous donnerons bientôt les caractères distinctifs, avec les jeunes harengs. Pour mon compte, je puis affirmer n'avoir jamais vu d'ovaire développé dans les petites *blanches* de nos côtes de Picardie, dans lesquelles j'ai reconnu les jeunes du hareng. Il en est de même des harenguets de Caen.

Lorsque les harengs sont devenus assez grands pour quitter la côte, ils s'enfoncent dans les abîmes de l'Océan où ils restent pendant un certain temps à une profondeur qui leur est convenable. Ils y vivent en troupes; car ceux qui pensent que les harengs ne se rassemblent en radeaux que pour frayer, sont évidemment dans l'erreur : on les trouve réunis longtemps avant l'époque du frai , ou après cette saison. L'expérience des pêcheurs de la Manche démontre que les radeaux de harengs n'y sont jamais plus nombreux qu'après le frai. On a fait plusieurs remarques curieuses sur l'effet causé par le bruit sur les harengs; on croit avoir observé que le bruit du tonnerre cause dans les bancs les plus vives agitations; souvent même le poisson effrayé se retire des golfes et disparaît brusquement de la côte. On attire, en général, le hareng par des feux que l'on fait briller la nuit; aussi chaque bateau de pêche hollandais ou français met-il presque toujours des fanaux, que l'on dit être destinés à attirer

le poisson. Cependant on peut remarquer qu'il
faut descendre les filets plus bas pendant le
jour que pendant la nuit, d'où l'on pourrait conclure que le hareng fuit une lumière trop vive.
Tous les pêcheurs de Hollande ont également
remarqué, qu'à l'approche du soir, le hareng
s'élève du fond de la mer, et qu'à la pointe
du jour il en regagne les profondeurs. Ceux
du Vlaardingen ont profité de cette observation; car ils disent que, moins la saison est
avancée, plus il faut aller au fond pour y
trouver le hareng : c'est surtout dans les
courtes nuits d'été et sur les fonds des îles de
Shetland qu'il faut agir ainsi. Cependant on
ne doit pas donner trop d'extension à ces pré-
ceptes. Les pêcheurs de Boulogne ont observé
qu'en hiver ils ne prennent que fort peu de
harengs pendant la nuit, qu'ils sont obligés
d'attendre le matin pour mettre leurs filets à
la mer. L'expérience paraît avoir appris à ces
hommes, que le hareng qui a frayé, se tient
obstinément dans les couches les plus profondes de l'eau; que la fraîcheur de la nuit
semble engourdir le poisson. Ils sont alors
forcés d'attendre le lever du soleil pour que
l'action de la lumière revivifie le hareng,
le fasse s'agiter et qu'il vienne presque de
lui-même s'offrir aux filets des pêcheurs à

peu de distance de la surface de l'eau. Il est
certain que, dans les eaux du golfe de Bothnie,
le hareng glacial se pêche indifféremment le
soir ou le matin, la nuit et le jour. Cependant
nos pêcheurs de Boulogne, de Dunkerque,
d'Ostende disent qu'un froid subit et rigou-
reux fait tout à coup disparaître le hareng.
On croit même avoir remarqué dans la Baltique, que le hareng craint tellement les changements de température que, si le vent vient
à souffler un peu frais, il cherche de suite à
s'abriter sous le rivage. C'est aussi une opinion
reçue auprès de Marstrand en Suède, que le
poisson est souvent si affaibli par le froid
qu'aucun bruit, de quelque nature qu'il soit,
ne peut parvenir à l'effrayer; mais il faut très-
probablement tenir compte de l'action du frai.
D'ailleurs, je me borne à ce peu de citations
sur ce que les auteurs ont rapporté comme
des habitudes du hareng.

Je pense qu'il faut réduire ce que l'on a
pris plaisir à supposer dans l'espèce entière à
quelques faits isolés, à quelques qualités passagères, combinées avec les circonstances lo-
cales ou autres causes fortuites, et j'étendrai
en général cette remarque à presque tout ce
qu'on a écrit sur les mœurs des poissons.

Quant à la pêche du hareng, tous nos pêcheurs de Boulogne, de Dieppe, de Fécamp, de Saint-Valery, s'accordent à dire que c'est au lever et au coucher de la lune, combiné avec l'heure de la molle eau, que le hareng noue, c'est-à-dire, se prend plus volontiers dans les filets. Il existe même à Boulogne un proverbe, conçu en ces termes : *A lune levant, hareng brognant.* Il arrive souvent dans ces circonstances qu'une demi-heure suffit quelquefois pour pêcher une cargaison entière de ces poissons. Tous ces pêcheurs croient aussi, qu'au décours de la lune et avec gros vent, le hareng se tient plus près de la surface de l'eau. En pleine lune et par un temps calme il nage et stationne plus bas.

D'après les observations rapportées par Pennant, on a la preuve que le hareng gagne les profondeurs de la mer. On a souvent pêché le haréng sur un fond de trente brasses dans le Loch Broom, et quelquefois aussi par cinquante brasses. Anderson remarque aussi que les morues ou les lingues que l'on prend par deux cents brasses de profondeur, ont souvent l'estomac rempli de harengs. Mais Neucrantz pense que le hareng ne descend dans ces grandes profondeurs que pour éviter la violence du vent ou se soustraire à l'impression d'un froid vif et subit. C'est aussi l'opinion des pêcheurs de la Manche. Ils disent que tant que dure une tempête, le hareng s'entasse dans le fond de la mer; les matelots disent alors que les *harengs ont le bec dans le sable*. D'autres pêcheurs assurent que le hareng *lève* plus tôt ou plus tard, suivant la direction du vent. D'autres pensent que le poisson se tient au fond de la mer pour fuir les gros poissons, et surtout les squales, qui infestent la Manche. De vieux pêcheurs affirment que les harengs s'entassent alors par lits si compactes que le filet glisse dessus. Il paraît, d'après d'autres observations, que le hareng se tient dans des gîtes abrités par des battures, et ils croient tous que si leurs filets pouvaient descendre jusqu'à ces fonds, ils y prendraient du hareng en abondance; mais il faudrait faire descendre les nappes à une profondeur de cent cinquante brasses au moins, tandis que leurs filets n'excèdent pas vingt brasses de chute. Ce n'est pas d'ailleurs l'action du froid qui fait descendre le hareng au fond de l'eau, il s'y tient dans toutes les saisons indifféremment; on a des observations faites à ce sujet dans la baie de Caradel, en Écosse, où l'on a vu par de beaux jours d'été, l'air étant très-calme, des lits de harengs qui avaient le bec dans le sable. Fabricius rapporte des faits semblables observés au Grœnland. Il arrive aussi quelquefois que le hareng semble se fixer à la surface de l'eau avec une obstination égale à celle qu'il montre quand il se tient au fond de la mer. Cette clupée s'élève tellement que le lobe supérieur de la caudale, la nageoire dorsale et par conséquent la carène du dos sortent véritablement hors de l'eau. Pennant[1] dit que dans les nuits calmes où la lune brille sur l'horizon, ces radeaux offrent à l'œil étonné le plus magnifique spectacle. Ils s'avancent en colonnes de cinq à six milles de longueur sur trois à quatre de largeur; que ces bancs, divisés, reflètent les couleurs irisées les plus vives, à tel point que la mer semble contenir un champ de pierres précieuses. L'eau paraît alors tout en feu, et les scintillations phosphoriques que produisent tant de poissons en mouvement sont exprimées chez tous les peuples du Nord, par les noms d'*éclairs du hareng* (*Herrings-Blick*), *Sild-Blic* ou *Sild-skiœr*. Il est évident qu'il faut compter pour beaucoup, dans la production de ce beau phénomène, la phosphorescence de la mer, qui est augmentée tout aussi

---

1. Penn., *Brit. zool.*, III, p. 327, art. Zool., I, 28 et 29. — *Tour in Scotland*, I, p. 374.

bien par le mouvement du hareng près de sa surface, qu'elle l'est par le sillage du navire.

Anderson ajoute, que dans les nuits calmes, où les harengs semblent prendre plaisir à se tenir près de la surface de l'eau, ils sortent souvent leur tête comme pour humer l'air. Ce mouvement occasionne un bruit pareil à celui que ferait la pluie en tombant par larges gouttes. Cette habitude du hareng n'a pas plus échappé aux pêcheurs de la Prusse et de la Poméranie qu'à ceux de la Manche. Les Anglais l'appellent le *jeu des harengs, the play of herrings;* les Hollandais disent dans le même sens *de haaring maalt.* La mer est alors très-souvent couverte de petites bulles. Ce jeu, qui a lieu surtout dans les belles soirées d'automne, est toujours un mauvais augure pour la pêche de la nuit; les pêcheurs sont obligés de relever leurs filets le plus haut possible, mais souvent même ils ne peuvent atteindre le poisson. D'autres observateurs assurent que le hareng saute quelquefois en entier hors de l'eau : cette habitude a été si bien observée par les pêcheurs de Fécamp, qu'ils disent *une volée de harengs.* Anderson rapporte un autre fait sur le hareng, qui est admis sans difficulté par tous les pêcheurs d'Écosse ou d'Angleterre. A certaines époques, dit-on, dans les baies où fourmillent les harengs sur les côtes d'Écosse, on entend subitement un bruit qui ressemble à celui d'un coup de pistolet. On suppose que ce bruit est formé par le hareng : en même temps il passe pour être le signe infaillible que le poisson va quitter la côte. En effet, lorsqu'on a entendu ce bruit, qui se rend par cette phrase : *the herring have craked,* il n'en reste pas un seul le lendemain. Quel que soit le degré de confiance que mérite cette déclaration des pêcheurs, il n'est pas douteux, ajoute Anderson, que les harengs se retirent souvent d'une baie en fort peu de temps, sans laisser la moindre trace du séjour qu'ils y ont fait.

Je retrouve, dans les notes de Noël de la Morinière, qu'il a fait des recherches sur cette opinion pendant son séjour en Écosse. Il assure que les différents pêcheurs consultés lui ont tous confirmé que les harengs produisaient ce bruit dans les Loch Broom, Urn, Slapan, Brackadale. Un des pêcheurs écossais lui a même affirmé qu'étant à bord d'une buyse de pêche, les poissons s'élevèrent, au moment de l'explosion, par un effort si violent, qu'il en retomba sur le pont de quoi en remplir sept à huit barils. Ce bruit a-t-il quelque rapport avec celui dont nous avons déjà parlé sous le nom de *squeack*, ou avec ceux que produisent d'autres poissons, et sur lesquels nous avons appelé l'attention de nos lecteurs dans le cours de cet ouvrage? Nous rappellerons entre autres ce que nous avons dit des Pogonias, appelés par les pêcheurs de New-York *drums* ou *tambours*, et les extraits que nous avons donnés des observations de John White et de M. de Humboldt. [1]

Le hareng éprouve quelquefois le besoin de se déplacer; ses goûts sont erratiques; leur répétition non interrompue prouve la constance de ses habitudes; le besoin de déplacement, fait que le hareng s'engage dans toutes les voies où il peut avancer. Cela rappelle l'anecdote rapportée par l'auteur de l'Histoire des Provinces-Unies. [2]

« Sous le règne de Guillaume II, roi des Romains et comte de Hollande, Enckhuysen et Staveren n'étaient séparées que par un courant d'eau qui se formait à la marée montante, et l'espace aujourd'hui baigné par le Zuydersée était une vaste prairie couverte de gras pâturages. Un gentilhomme frison avait ses terres dans ce canton. Un jour qu'il se

---

1. Hist. nat. des Poiss., t. V, p. 196 et suiv.
2. Hist. des Provinces-Unies, 1, p. 25.

promenait dans une de ses prairies, il aperçut un hareng dans un fossé dont l'eau n'avait aucune communication apparente avec la mer. Il jugea qu'elle se faisait sous terre, concluant de là que le terrain sur lequel il marchait était miné par la mer et qu'il ne pouvait subsister longtemps, il se hâta de vendre ses biens. La prévoyance lui servit utilement. Le terrain fut abîmé peu de temps après, et les vaisseaux jettent aujourd'hui l'ancre dans cet endroit où s'est formé une bonne rade. »

Il paraît, au surplus, que le climat ou la nature des eaux influe d'une manière remarquable sur les habitudes erratiques ou sédentaires du hareng. Les pêcheurs de Boulogne pensent que le hareng de la Manche est originaire du Pas-de-Calais. Ils ont remarqué que souvent, et sans aucune variation de vent ou de mer, les poissons se montrent tout à coup, quoiqu'on n'en ait vu aucun la veille. Les Boulonnais attribuent cette apparition à un effet de la volonté spontanée des harengs. Les pêcheurs ont l'habitude de comparer ces apparitions subites à ce qui se passe dans un champ de blé, dont les grains lèvent en une seule nuit. Ils regardent ce mouvement d'ascension dans les bancs du hareng

comme une des allures les plus familières
à l'espèce; mais ils ne peuvent en assigner
la cause. La présence du hareng se reconnaît
à plusieurs signes : 1.° quand les mouettes ou
les autres palmipèdes de haute-mer planent à
la surface de l'eau et qu'ils s'y plongent fréquemment; 2.° quand on voit flotter beaucoup
d'écailles autour des barques; 3.° quand on
remarque, suivant Dodd, que la surface de
l'eau est ridée par un vent doux qui souffle
de terre; enfin, quand l'eau semble couverte
de graissin. Les pêcheurs tirent encore d'autres
inductions favorables à leurs travaux de diverses circonstances qui me paraissent de simples préjugés. Ainsi, les pêcheurs de Dieppe
considèrent les harengs volants, c'est-à-dire,
ceux qui sautent hors de l'eau, comme les avant-
coureurs d'un lit de poissons. L'événement
semble quelquefois justifier cette opinion. Il y
a encore beaucoup d'autres préjugés que je ne
répéterai pas, mais ce qui paraît certain c'est
que le meilleur de tous ces indices est celui
qu'on obtient du vol ou des allures des oiseaux
de mer. Aussi, sur toutes les côtes et dans
toutes les baies du nord de l'Europe, leur
vol, leur cri sont observés et étudiés avec la
plus grande attention. L'habitude et la nécessité de faire ces remarques continuelles

exercent la vue des pêcheurs, de sorte qu'ils connaissent et prédisent le plus souvent avec une singulière précision la prochaine apparition des radeaux. On croit encore avoir remarqué que cette clupée aime à nager contre la direction du vent et des courants. Cependant aussi, d'autres pêcheurs assurent qu'elle reste peu de temps dans la même place, qu'elle avance, puis, soudain, qu'elle rétrograde. On croit être certain que, si la troupe est contrariée par des courants trop forts, ce qui est assez fréquent dans la Baltique, la troupe louvoie huit, douze et même vingt fois de suite, et qu'elle avance ainsi insensiblement. Si le courant change de direction, la troupe change aussi la sienne; c'est ce qui explique comment il est si rare que, dans la Baltique, on pêche deux nuits de suite dans une même position. Pennant[1] a observé qu'en Écosse le hareng plein nage plus volontiers dans les grandes eaux, et le hareng gai plus près des côtes. Townley[2] rapporte le même fait autour de l'île de Man, et je trouve dans les notes de Noël de la Morinière que la même remarque a été faite dans la Manche. Mais ne peut-on

---

1. Penn., *Tour in Scotl.*, II, p. 241.
2. Townley's *Journ. of the isl. of Man*, p. 94.

pas donner pour explication toute naturelle de cette observation, que les harengs des grandes eaux cherchent à s'approcher de la côte pour y frayer, d'où il suit que les radeaux formés près des côtes ne sont plus alors formés que de harengs vides.

J'ai dit plus haut qu'à l'approche d'une tempête, les harengs quittaient la côte et gagnaient la pleine mer. Le baron d'Altströmer assure qu'ils se réfugient dans les golfes de la côte de Suède, voisins de Gothembourg. On a remarqué qu'à Marstrand les harengs se portent vers la côte avec une telle impétuosité qu'ils semblent entr'ouvrir l'eau, et qu'il n'est pas sans exemple que plusieurs de ces poissons se soient jetés vivants dans les barques les plus voisines du mouvement spontané du lit. Ceci se rapproche beaucoup du phénomène cité plus haut en parlant du *Kraked.* Ces mouvements brusques et rapides font souvent courir de grands dangers aux harengs, et ils expliquent comment ils peuvent s'amonceler quelquefois dans une baie au point de s'étouffer. Anderson[1] dit qu'en 1768 un radeau occupa tout le Loch Urn en Écosse. Tout le Loch était plein, depuis son entrée assez étroite

----

1. And., *Account of the pres. of the Hebrid.*, p. 160.

jusqu'au fond sur une longueur de deux milles. Les bords de la mer fourmillaient des mêmes poissons qui couvraient la lisière du rivage voisin sur un espace de quatre milles de longueur et sur huit à neuf pouces d'épaisseur. Le fond de la mer en paraissait aussi pourvu que les petites flaques d'eau. Cette baie, longue de douze milles et large de cinq à trois, regorgeait de ces clupées. Il faut supposer que les harengs les plus forts et les plus vigoureux poussèrent les plus faibles vers la côte, et qu'ils formèrent un cordon si épais que d'autres poissons, tels que des carrelets (*Pleuronectes platessa*), des flets (*Pleuronectes flesses*) furent entraînés avec eux, et vinrent aussi périr sur le rivage. On rencontre aussi ces bouillons ou lits de harengs nageant avec rapidité en colonnes espacées et distribuées comme le seraient des pièces de drap étendues sur un champ. On a vu dans la Manche, à cinq lieues nord-ouest de la pointe de l'Ailly près Dieppe, sur le fond de pêche que les matelots nomment la Cavée, avec dix-huit brasses d'eau environ, un lit de harengs formés en colonnes droites et régulières comme seraient des fossés parallèles tracés dans un champ. Ce lit occupait une étendue de plus d'un quart de lieue en carré et faisait rapidement route à l'Ouest.

Ces poissons étaient si près de la surface de
l'eau qu'on distinguait aisément à l'œil les plus
gros d'avec les plus petits. Quand ils filent
ainsi rapidement à fleur d'eau, les matelots
peuvent frapper sur le bordage de leur barque
sur des tonneaux vides, sur des planches, produire enfin quelque bruit que ce soit, sans
effrayer le poisson; on le voit continuer sa
route sans se déranger. S'ils s'engagent dans
les filets de quelques pêcheurs, ils les soulè-
vent avec tant de force qu'ils leur font perdre
leur plan de chute et qu'ils paraissent les
étendre comme des nappes à la surface de
l'eau. Quand le hareng est ainsi formé en colonnes serrées, il occupe quelquefois dans la
mer un espace très-peu considérable. Il serait
facile de citer un assez grand nombre de circonstances de pêche où les harengs se prenaient sur un point du fond en telle quantité
qu'elle surpassait tout calcul, tandis qu'un
peu plus loin et sur le même fond, trente à
quarante barques ou bateaux de pêche n'en
prenaient pas un seul. Je trouve dans les notes
de Noël de la Morinière qu'en 1796, durant
la pêche d'automne, six semaines après l'équinoxe, les bateaux de Saint-Valery, de Dieppe,
du Tréport, de Fécamp étaient sur le même
fond de pêche à l'ouest de ce dernier port

au nombre de quarante-cinq, grands et petits. Un seul pêcha cent cinquante mille harengs, quoique les autres, assez voisins de lui, n'en prirent pas un seul. La même remarque a été faite tant de fois par les pêcheurs de la Manche qu'il est inutile de multiplier les citations. Quand les eaux sont claires, le hareng file plus vite que s'il nage dans les eaux troubles. Sur les côtes comprises entre l'embouchure de la Somme et celle de la Seine, les harengs suivent volontiers la lisière des terres, et s'en tiennent à une distance qui varie de trois à six lieues. On les trouve sur les bancs de la Somme, sur les bassures de Cayeux, sur les fonds de Tourmont, de Berneval, de l'Ailly, etc. On a fait la même remarque sur les côtes d'Angleterre, opposées à celles de France.

Les allures du hareng, lorsqu'il entre dans les baies d'Irlande, sont aussi incertaines qu'irrégulières. Quelques radeaux n'y restent qu'un jour ou deux; d'autres fois les baies en sont pleines pendant plus de quarante jours. Les signes de leur présence sont souvent très-équivoques, de sorte que la pêche du hareng, qui paraîtrait au premier coup d'œil plus sûre dans les lacs que dans la haute mer, y est tout aussi incertaine. Pontoppidan et Abildgaard ont épuisé le chapitre des conjectures pour expliquer les causes des irrégularités des apparitions du hareng, si remarquables et si importantes dans son économie naturelle. Entre toutes sortes d'hypothèses qui ont été imaginées, on a été jusqu'à penser que des feux souterrains se manifestant inopinément, avaient pu provoquer la disparition du poisson. Tantôt on l'a attribuée à des maladies épidémiques qui exercent sous les eaux un ravage égal à celui qu'elles font sur la terre. Citerai-je même Bernardin de Saint-Pierre [1], qui prétend que la disparition des harengs de certains parages, où ils s'étaient montrés auparavant, est la suite de quelque bataille sur mer? L'auteur d'une description générale de la Norwége et des îles voisines attribue l'éloignement du hareng et leur fuite de la côte Bohus, en Suède, vers l'an 1587, à l'apparition d'un hareng extraordinaire qui fut regardé comme un signe de la punition divine. Les historiens de ce temps ont conservé la date précise de la capture de deux harengs singuliers qui donnèrent lieu à un événement lié à l'histoire de ce poisson. Le 21 novembre 1587, sous le règne de Frédéric II, on pêcha

---

1. Études de la nature, I, p. 361.

20.

dans la mer de Norwége deux harengs, sur lesquels étaient imprimés profondément des caractères gothiques. Ces poissons furent portés à Copenhague, et sept jours après leur capture ils furent présentés au roi. Ce monarque superstitieux, effrayé à la vue de ce prodige, pâlit et crut que ces signes devaient prédire un événement, tel que l'annonce de sa mort ou celle de la reine. Les savants furent consultés, et ils traduisirent ainsi les prétendues inscriptions gravées sur les poissons: *Vous ne pécherez pas de harengs, dans la suite, aussi bien que les autres nations.* Le roi ne voulut pas s'en tenir à l'explication des savants de Copenhague; il eut recours à ceux de Rostock; mais ce fut en vain qu'on leur proposa ce problème, ainsi qu'aux antiquaires de plusieurs autres universités d'Allemagne. Un mathématicien français qui se trouvait alors à Copenhague, publia un gros livre pour expliquer cette énigme. Il prétendit que ces signes n'étaient que des lettres initiales, des sigles de plusieurs mots; mais son explication n'offrit rien de satisfaisant. Un autre débita à cette occasion des rêveries plus absurdes, en annonçant une subversion totale de l'Europe. Un Suisse, Eglin, professeur de théologie à Zurich, publia, en 1622, un autre ouvrage sur un hareng extraordinaire, portant, dit-il, les mêmes empreintes que le hareng de Copenhague; il avait été pêché le 21 mai 1596 sur les côtes de Poméranie. Il s'est servi de ces prétendus caractères pour expliquer divers passages de l'Apocalypse. On sait que ces signes sont dus tout à fait au hasard et formés par l'entre-croisement de vaisseaux diversement colorés, ou par une agglomération fortuite de points pigmentaires.

Les montagnards écossais ont d'autres superstitions touchant la disparition subite des harengs. En parlant de Skye, ils disent que, si une femme passe l'eau pour se rendre de l'autre côté de l'île, il n'en faut pas davantage pour faire disparaître le hareng. Fries observe, dans son Mémoire sur la pêche du Nordland, que toutes les fois que l'on laisse dans les baies des amas de hareng que l'on n'a pu saler et qui tombent bientôt en putréfaction, les radeaux de ces poissons, chassés sans doute par la mauvaise odeur, sont souvent plusieurs années sans revenir à la même place; mais Leuvenhœck seul me paraît dire la véritable cause des changements de place des harengs; c'est qu'à mesure que les poissons grandissent, le besoin d'une nourriture plus abondante les force à chercher des fonds où il y ait plus d'aliments.

Ces disparitions du hareng sont tantôt passagères, tantôt elles durent plusieurs années. Knox[1] dit que, depuis 1783 jusqu'en 1790, le Loch Broom, en Écosse, a éprouvé la calamité d'être privé de harengs. Ce poisson qui se montre à Donnegal, en Irlande, dès l'équinoxe d'automne, n'y fit son apparition, en 1784, que plusieurs jours après le solstice d'hiver.

La pêche du hareng d'automne manqua totalement en Nordland en 1776. Bloch[2] disait à cette occasion, qu'on n'a pu encore découvrir la cause pour laquelle le hareng s'est porté plus au nord que de coutume pendant une dizaine d'années. Il ajoute qu'on ne peut prétendre que c'est l'absence de nourriture sur les côtes méridionales de la Suède, à cause de la quantité que lui en fournissent les fonderies pour extraire l'huile des harengs dans ce pays.

Pennant a fait des remarques semblables sur les côtes d'Écosse. Ainsi, certaines baies que l'on regardait de son temps comme de grands rendez-vous des harengs, avaient été désertes autrefois, et ils n'y étaient guères revenus que depuis environ quarante ans. Il

---

1. *View of the brit. emp.*, p. 220.
2. Bloch, *Schrift. naturf. Fr.*, V, p. 358.

ajoute que tous les Lochs de la lisière des côtes
d'Écosse ou des îles, sont tour à tour fréquentés par les harengs. Celle qui en regorge pendant une saison, est exposée à n'en pas voir un
seul l'année suivante, bien que tous les Lochs
voisins en soient abondamment pourvus. Pendant plusieurs années le hareng a abandonné
le Loch Tongue, et il n'y a reparu qu'en 1777;
il a déserté sur la même côte le Loch Garron;
depuis 1782 il n'y a plus reparu. L'île de Man,
si rénommée par ses pêches, n'a pas été à l'abri
de craindre une pareille privation. Lacheverell
observe, qu'au commencement du seizième
siècle l'île de Man n'eut point de pêche du
hareng. Les côtes de l'ouest de l'Angleterre ont
offert le même tableau.

Pennant affirme que les harengs quittèrent
autrefois les passages de Cardigan, et se portèrent de préférence sur les fonds des comtés de
Flint et de Cærnarvon, qu'ils ont abandonnés
après quelques années pour reprendre leur ancienne station. On sait aussi que, dans l'hiver
de 1740, les harengs s'éloignèrent des côtes
du Sutherland et n'y revinrent qu'en 1776.
L'Irlande, qui voit terrir le hareng pendant les
trois mois d'automne, fut privée de ce poisson
en 1784. On croit avoir remarqué en Irlande
que, quand la pêche est mauvaise sur la côte de

cette île, elle est bonne sur celle d'Écosse et alternativement. On croit aussi avoir observé dans le comté de Mago, dans l'ouest de l'Irlande, qu'on pêchait plus de harengs près de Killeris, quand la pêche est mauvaise dans le nord-ouest.

Les économistes allemands ont fait les mêmes remarques sur les harengs de la Baltique ou sur ceux de la mer du Nord. On les a vus abandonner pendant plusieurs années l'embouchure du Texel. Le petit hareng de la Baltique a déserté la station de Kello en Ostrogothie. Un des faits les plus remarquables de l'histoire du Hareng, et que l'on trouve controversé entre beaucoup d'écrivains de cette époque, est la disparition subite des harengs qui abandonnèrent, dit-on, et tout d'un coup, en 1313, les rivages de la Prusse. Il est probable cependant qu'il y a exagération dans cette assertion. Bock[1] prétend qu'il faut entendre, par les expressions des historiens de cette époque, que l'importation en Prusse des harengs pêchés dans la Baltique ou dans la mer du Nord, eut une interruption momentanée à cause des guerres maritimes de Canut, roi de Danemarck, et du brigandage des pirates

---

1. Bock, *Versuch einer wirthschaftl. Naturg.*, IV, p. 625.

qui en fut la conséquence. Toutefois il ne se re-
fuse pas à croire que les harengs désertèrent en
partie à cette époque des parages de la Baltique.

Voici ce qu'il dit à cet égard : « Vers l'époque dont nous parlons, les harengs s'étaient
multipliés dans la Baltique à un tel point
qu'ils furent probablement forcés de chercher une mer plus vaste pour s'y étendre
davantage. Une bande ou troupe de harengs
indique toujours à celle qui la suit le chemin
qu'elle doit tenir. Il arriva qu'une grande
partie de ces poissons franchit le Sund et fut
rejoindre les radeaux de son espèce stationnés
dans la mer du Nord. Si depuis on n'a pas
vu se répéter le même événement, c'est qu'aujourd'hui on pêche dans la Baltique plus de
harengs qu'autrefois. Les habitants des côtes
savent maintenant saler et saurir ces poissons.
Ceux-ci ne peuvent donc plus s'y multiplier
en assez grand nombre pour que de nouvelles
migrations volontaires, fortuites ou nécessaires,
se renouvellent comme en 1313. » Noël de
la Morinière pense que quelques années de
pêche heureuse sur les côtes de Scanie furent
les causes de stérilité dont furent frappées les
mers de Prusse. Fischer [1] cependant invoque

---

1. Fischers *Gesch. des deutschl. Handels*, 1, p. 407.

le témoignage d'autres écrivains allemands qu'il croit très-dignes de foi et il affirme que les harengs n'ont jamais émigré de la Baltique dans la mer du Nord, parce que les harengs se sont montrés constamment et en même temps dans l'une et l'autre de ces mers. Il paraît cependant, d'après Anderson, que la pêche diminua sensiblement depuis le quatorzième siècle dans la Baltique, parce que alors tous les armements de la basse Allemagne se firent par la Norwége ou la Scanie. Cependant il observe que l'on pêchait encore du hareng à Falsterbo sur la Baltique et le long des côtes de Poméranie et de Livonie. Wiman, dans sa description de la navigation de la Baltique, cite Falsterbo comme étant encore en 1573 le siége et l'étape d'une pêche considérable du hareng. D'autres titres établissent qu'en 1388 les pêcheurs de Custrin [1] prenaient du hareng sur les côtes mêmes de la Prusse. On trouve dans la Chronique de Dantzig [2], qu'en 1529, au nouvel an, il vint de Héla à Dantzig cinquante traîneaux chargés de harengs, que le même événement se répéta plus

---

1. Sprengel's *Anmerkungen im Umfange und Wachsthume der Erdkunde*, p. **83** et **84**.

2. Curickens *hist. Besch. der Stadt Dantzig*, n.° **272**.

tard; or personne ne croira que ce hareng
vint de la mer du Nord. Dans cette saison où
la Baltique est glacée, on n'aurait pu l'apporter par mer à Héla pour le transporter ensuite
par traîneaux à Dantzig.

Linné a divisé le hareng en grandes et en
petites espèces, la première habitant la mer
Germanique, la seconde le golfe de Bothnie.
Nous avons déjà nous-même parlé, non pas
de différentes espèces, mais de différentes
races de hareng. Ceci élève déjà des doutes
sur l'exactitude du système migratorial que
d'ailleurs nous allons bientôt combattre.

L'immortel auteur du *Fauna suecica* regardait les bassins peu profonds de la Baltique
où la proximité des côtes et le nombre des
baies offrent un abri sûr aux poissons, comme
les réservoirs naturels de la petite espèce. Il
pensait que les profondeurs qui séparent les
bancs des mers Britannique et Germanique
nourrissaient la grande espèce. Il s'agit bien
moins de la distinction du hareng de la grande
ou de la petite taille, que d'examiner maintenant jusqu'à quel degré on peut établir que
les harengs naissent sur les fonds où on les
pêche, ou que de savoir si les harengs sont
pris sur des fonds éloignés de leurs eaux natales. Les documents que Noël de la Mori-

nière a recueillis sur les lieux des pêcheurs écossais ou norwégiens, l'ont convaincu que le hareng est beaucoup plus stationnaire qu'on ne le croit, et que les divers bancs de harengs sont très-distincts et très-faciles à reconnaître. C'est une opinion admise par tous ces pêcheurs que chaque espace d'eau contient des harengs de grande ou de petite taille qui en sont indigènes et presque toujours faciles à distinguer de ceux qui habitent les eaux voisines. C'est là ce qui a donné naissance aux diverses dénominations qui dans les différentes langues où on les emploie rendent toujours la même idée. On appelle en danois le hareng indigène *landstaaende sild*, c'est-à-dire hareng qui vit près de la terre ; les Suédois disent *landstände sill* et les Allemands *landstehenden Hœring*, ce qui signifie absolument la même chose. Les Anglais l'appellent *native* ou *home-bred herring*, c'est-à-dire hareng né dans le pays. Les Français lui donnent le nom de *hareng foncier*, quelquefois aussi le nom de *hareng franc*, c'est-à-dire d'origine française. La signification du nom de hareng *halbourg* n'a pas d'autre valeur, c'est *halex burgensis, hareng bourgeois* ou le hareng du pays, du lieu. On applique cependant plus communé-ment ce dernier nom au hareng pris dans la

Manche pendant l'été. Ces différentes dénominations consacrent toutes l'indigénéité des poissons. Mais il est aussi très-certain, d'après l'opinion des pêcheurs les plus instruits, qu'à certaines époques, mais point fixes, les fonds fréquentés par les harengs stationnaires sont visités par des poissons de la même espèce nés dans d'autres eaux, qui viennent frayer avec ceux-ci, si ces radeaux sont composés de poissons préparés à la reproduction de l'espèce. Il n'y a rien de régulier à cet égard. Ce sont les harengs qu'en Islande, en Norwége, en Danemarck, on désigne par le nom de *Fhaefsild,* hareng de la mer, les mêmes que les Suédois appellent *haevs-sill.* Ils donnent aussi le nom de *haevs-strömming* au hareng de la petite espèce, qui habite de préférence les grandes eaux de la Baltique et qu'on distingue facilement de celui qui réside plus particulièrement dans les eaux des golfes. C'est le même poisson que les Allemands appellent *See-Hœring,* les Anglais *foreign-fish* et les Français *hareng du Nord.* En comparant ces diverses dénominations on voit donc que les pêcheurs distinguent des harengs que l'on pourrait appeler indigènes, stationnaires, fonciers, côtiers, etc., de ceux qui à certaines époques abandonnent leurs eaux natales et se portent sur d'autres fonds et qu'on nommerait harengs étrangers, pélagiens, voyageurs, etc. Mais nous ne voyons pas dans ces dénominations des distinctions spécifiques établies sur la taille des harengs. Cependant, on verra plus loin que les savants anglais, et entre autres le docteur Leach et M. Yarell, pensent qu'il existe deux espèces de harengs sur les côtes d'Angleterre.

Nous allons essayer de prouver que cette inégalité de dimensions est indépendante de l'âge des poissons, mais que ces variétés dépendent de la nature des fonds. Les pêcheurs hollandais reconnaissent qu'il y a autour des îles de Shetland une tribu de harengs facile à distinguer de celle qu'ils prennent en haute mer. La chair de ces harengs est si grasse qu'elle fut proscrite par les états de Hollande et de West-Frise, comme d'un poisson de qualité très-inférieure à celle du hareng pris à soixante milles de distance des Shetland ou des Orcades. Ces harengs, stationnaires de ces îles, sont de grande taille et se montrent en été. La Norwége possède également des harengs indigènes de taille variable suivant les saisons, et que l'on peut distinguer facilement de ceux qui viennent de la haute mer, tant par la forme extérieure du hareng que par la saveur de la chair. Les harengs stationnaires, dit Barch[1], peuvent devenir très-gras, mais leur chair n'acquiert jamais la délicatesse de celle des mêmes poissons qui viennent de la haute mer. Pontoppidan, Falch et Molberg observent qu'il n'y a presque point de mois de l'année où les côtes et les baies de la Norwége ne soient visitées par différents radeaux de harengs, qui portent le nom de la saison où l'on en fait la pêche, en empruntant quelquefois un surnom de quelque circonstance particulière. C'est ainsi qu'on appelle *hareng esturgeon* ou *hareng baleine*, ceux de ces poissons que l'on suppose poursuivis par les esturgeons ou par les grands cétacés. On croit que ce hareng d'été vient de la haute mer. Les radeaux de cette clupée, dont la pêche se fait pendant toute l'année sur les côtes de la Suède, voisines de Gothembourg, se composent également de poissons stationnaires dans les petites eaux de la Scanie. On peut appliquer les mêmes remarques au hareng de la Baltique, et de ses grands golfes de Bothnie ou de Finlande.

Les pêcheurs allemands distinguent, sous le nom de *Strömming*, la petite espèce de la

---

1. *Con. schwed. Akad. der Wissensch.*, 32, p. 164.

grande, en y ajoutant souvent une seconde dénomination, prise de la saison dans laquelle on en fait la pêche, ou empruntée du nom des filets qui servent à les pêcher. Le Zuyder-sée et les canaux qui séparent les îles de la Zélande jusqu'à l'embouchure de l'Escaut occidental, possèdent une espèce indigène de petits harengs, connue en Hollande sous le nom de *pan-haring* ou *hareng chaudron*, ainsi nommé, parce qu'il doit être mangé frais et ne saurait être salé. Cependant en comparant mes notes à celles de Noël de la Morinière, j'ai lieu de soupçonner, comme lui, qu'il s'agit ici du Pilchard ou de la grande Sardine. Mais dans le nord et dans l'ouest de l'Écosse, Anderson a recueilli et rapproché un grand nombre de preuves pour établir la distinction de deux espèces ou selon moi de deux races, et que l'une d'elles fréquente pendant toute l'année et dans toutes les saisons les fonds des Hébrides. On peut l'y pêcher en tout temps, pourvu que l'on fasse descendre les filets à une profondeur convenable. Ils établissent tous aussi que les harengs du Loch Broom sont préférables en général à tous ceux des Lochs situés plus au Sud. Noël de la Morinière regarde aussi comme harengs stationnaires ou fonciers, ceux que l'on prend au nord d'Inverness, ceux de l'embouchure du Forth, ceux de Carlisle, qui sont en général fort inférieurs à ceux des Hébrides et de l'île du Man. C'est probablement l'espèce dont parle Pennant, dans son Voyage en Écosse. Knox observa donc avec raison qu'il ne voyait pas trop pourquoi la pêche ne commençait tous les ans, aux îles de Shetland, qu'au solstice d'été, puisque les pêcheurs hollandais ou belges s'y rendent longtemps auparavant pour prendre cette clupée, qui leur sert d'amorce pour la pêche de la morue. L'Irlande a aussi, de même que l'Écosse, ses harengs stationnaires; il est facile d'en recueillir un nombre de preuves considérables. On les distingue des autres par leur taille et par une sorte de physionomie particulière, et il paraîtrait même que l'on pourrait, dans les différentes baies du nord de cette île, distinguer plusieurs races particulières : ainsi, à Dunfanaghie, au fond de Sheephaven, il y a une pêche d'été qui produit des harengs de très-bonne qualité et si gros, qu'il n'en faut guère que quatre cents pour remplir un baril. Dans la baie de Dongal, au nord-ouest, sur les bancs où se trouvent de nombreuses espèces de gades, on voit pendant toute l'année une grande abondance de harengs. En général, les pêcheurs sont assurés de trouver sur toutes les côtes une quantité suffisante de harengs qu'ils emploient pendant toute l'année pour amorcer leurs lignes. Si l'on ne s'occupe pas d'en faire une pêche régulière, c'est qu'il y en a d'autres plus productives; c'est que le hareng donnerait alors des bénéfices très-minimes, parce que sa chair n'est pas alors d'aussi bonne qualité. On est si persuadé en Irlande que le hareng habite pendant toute l'année la mer qui entoure l'île, qu'on a publié comme une mesure utile à la prospérité des pêches, celle de la permettre et de la laisser libre sans restriction, en la distinguant par quatre dénominations empruntées de la succession des saisons. Une pareille mesure destructive de tout système politique de pêche bien conçu n'en avait pas moins été adoptée par le parlement d'Irlande en 1790. On trouve aussi dans Pennant ou dans Anderson, des preuves que des radeaux de harengs vivent sans interruption et pendant toute l'année sur les côtes d'Écosse ou d'Angleterre. Les pêcheurs de Scarborough trouvent toujours des harengs dans leurs filets, et quand on visite Londres dans les premiers jours du printemps, on est à portée de voir que les marchés de cette ville sont abondamment pourvus de ce poisson, mais il y est souvent mêlé avec le Pilchard. On peut distinguer deux variétés de harengs qui semblent composer la race sédentaire sur la lisière des côtes d'Angleterre opposées à la France; l'une procure une pêche du printemps, composée d'individus en général plus petits que ceux de la pêche d'hiver. Les barques de Dieppe, qui allaient prendre les raies dans les eaux de Torbay, y voyaient, au milieu de l'été, les Anglais occupés à pêcher sur le rivage, du hareng avec leurs sennes, à une époque où aucun de ces poissons, présumés venir du Nord, ne s'est encore montré dans le Pas-de-Calais. Ce qui était d'ailleurs plus familier aux pêcheurs de Dieppe, c'est l'usage d'aller acheter, dans le cours du printemps, du hareng à Hastings, à la Rye, à Shoreham, pour en faire des amorces dont les autres poissons sont très-friands. Noël de la Morinière a compté, sur la rade de Hastings, jusqu'à cinquante à soixante barques de pêche, dont chacune avait trois ou quatre milliers de harengs pris dans la nuit précédente. En lisant ce que Duhamel[1] dit des harengs halbourgs, on conclut bien vite à l'existence de harengs sédentaires dans la Manche, sur nos côtes de

___

1. Duh., Traité des pêches. 2.ᵉ part., p. 338, 339.

France. On trouve aussi, dans le Magasin encyclopédique, un mémoire fort curieux de
Noël de la Morinière sur cette même question. Les pêcheurs de Boulogne distinguent
même, dans les lits de la pêche d'hiver, des
harengs à bec noir, qu'ils séparent de ceux de
la pêche précédente. Les matelots de Brigh-
ton disent aussi que sur les côtes de Sussex
il y a des espèces différentes de hareng.

C'est d'après la connaissance du séjour constant des harengs dans la Manche que se trouvaient établis les droits des archevêques de
Rouen, alors seigneurs temporels de Dieppe.
Ces droits étaient perçus sur les harengs pêchés
dans tous les mois de l'année indifféremment.
L'auteur du traité des pêches hollandaises du
hareng, quoique partisan du système migratorial, est obligé de convenir que ce poisson
se trouve sur les côtes de France jusqu'au
milieu de l'été. Noël de la Morinière dit qu'on
lui a toujours envoyé du hareng pris, mais
en petit nombre à la vérité, dans les parcs
de Belleville, de Varangeville, chaque semaine
du printemps ou de l'été jusqu'à la fin du mois
d'août. Une autre preuve du séjour sédentaire
du hareng dans la Manche se tire du nom du
hareng *Marsel* ou *Avrilet;* ce sont les expressions populaires que l'on donne aux harengs

du printemps. Vers la fin du siècle dernier, les spéculations des pêcheurs s'étaient tournées vers ce poisson printannier. Ceux d'Yport y étaient entrés pour la plus grande part. Cette pêche fut prohibée; ensuite elle a été laissée libre; elle se continuait jusqu'au milieu de l'été. En 1756, les côtes de France, baignées par la Manche, furent couvertes de tant de radeaux de ces harengs marsais que les pêcheurs s'en firent une occupation sérieuse. L'abondance fut la même pendant plusieurs années; elle diminua vers 1780. Des lits plus nombreux firent une nouvelle apparition en 1797. Parmi ces harengs fonciers les uns étaient pleins, les autres vides. Des pêcheurs de Saint-Valery ont souvent pris dans le printemps, au heurt de Fécamp, le hareng foncier, généralement plein d'œufs ou de laite. C'est donc une tradition reçue par les pêcheurs des deux côtés de la Manche qu'une race de harengs y reste sédentaire. On peut d'ailleurs remarquer que si les pêcheurs, depuis le Texel jusqu'à Blankenberghe, ne prennent que peu de harengs pendant l'été, c'est qu'ils s'échappent trop aisément des mailles trop ouvertes de leurs filets, tendus contre les soles, les plies ou les barbus. Les pêcheurs qui se rendent aussi sur le Doggersbank pour la pêche du *Cabliau* ou

Morue fraîche, sont convaincus que le hareng y réside comme poisson sédentaire. Dans tel mois de l'année que ce soit, en hiver comme en été, l'estomac de ce gade est presque toujours plein de harengs, et c'est une des meilleures amorces qu'on puisse employer pour prendre la morue. Les Hollandais croient cependant avoir observé qu'ils prennent pendant l'été beaucoup plus de harengs sur la lisière occidentale du Doggersbank que sur le côté oriental, d'où ils concluent que les harengs ne viennent point du Nord, mais qu'ils sont originaires des fonds sur lesquels on les pêche. L'arrivée subite ou l'apparition inattendue des immenses colonnes des harengs n'a point été inconnue des anciens habitants du Nord. Plusieurs anecdotes, confirmées par une saga du temps, nous apprennent que, dans une année de disette, une des baies d'Helgoland ayant fourni une incroyable quantité de poissons, on attribua cette pêche extraordinaire aux enchantements d'une femme du pays. D'autres historiens rapportent que ces grandes réunions de harengs frappaient déjà les esprits d'étonnement et d'admiration. Le poids des poissons pêchés était si considérable qu'il déchirait les filets des pêcheurs. Leurs colonnes étaient si épaisses qu'une

pique[1], plantée au milieu, s'y tenait debout.
Zorgdrager, en parlant de la Laponie, rapporte
ces faits, et l'on voit dans les Annales d'Olaüs
de Roschild, qu'en 1275, on pêchait tant de
harengs dans le Sund qu'on en avait la charge
entière d'un chariot pour une poignée de deniers, *pro ora denariorum.*

Rzaczinsky[2] dit qu'à l'embouchure de la
Vistule, en 1709, on fit une pêche de harengs vraiment extraordinaire par l'incroyable
affluence de ces poissons. Vers la fin de l'été
de 1781, près de Buskoe, sur la côte voisine de Gothembourg, il parut une si grande
quantité de harengs qu'ils semblaient former
une montagne vivante, s'agitant au milieu de
l'eau. Les bancs étaient si serrés qu'on pouvait prendre le poisson à la main. Anderson
dit que la pêche du hareng est quelquefois
d'une si prodigieuse abondance en Écosse
qu'on ne saurait s'en faire d'idée. En 1784
on prit, dans l'espace de quarante à cinquante
jours, tant de harengs dans le Loch Urn que
le produit de la vente s'éleva à cinquante-six
mille livres sterlings. Plus loin, cet observa-
teur ajoute, qu'en 1773, le hareng vint occuper

---

1. Olaüs magnus, *Hist. nat. septentr.,* liv. **XX**, ch. 18.
2. Hist. nat. de Pol., p. **165.**

le Loch Torridon en tel nombre qu'environ deux cent cinquante buises de pêche, qui avaient chacune deux ou trois barques et qui pouvaient porter douze à vingt barils de harengs, eurent leur chargement complet en une seule nuit. Plusieurs furent obligés de couper leurs *taves* ou cordages qui soutiennent le filet dans un plan vertical, de laisser à la mer une partie de leur tessure, afin de pouvoir tirer l'autre à terre pour la débarrasser plus aisément du poisson dont elle était pleine. Cette abondance de harengs se soutint pendant deux mois consécutifs environ. Un an ou deux après, des colonnes entrèrent dans le Loch Carron en si prodigieuse quantité qu'Anderson affirme qu'ils remplirent ce Loch, long de trois milles, large d'un mille, et dont la profondeur varie depuis quatre jusqu'à soixante brasses. Anderson affirme qu'il était indifférent aux pêcheurs de jeter leurs filets en telle ou telle place; quelle que fût la profondeur de l'eau, on était toujours sûr d'avoir un chargement complet. Les harengs restèrent dans ce Loch trente à quarante jours, après quoi ils disparurent tout d'un coup. On rapporte que, le 5 septembre 1774, il y avait tant de harengs à Auld-haiks, sur la côte de Fif, que quelques barques en prirent cinquante mille dans un seul filet. On ne savait quel parti en tirer, et on en offrit dix mille pour une bouteille de genièvre. Sur la côte occidentale de l'île Skye, les harengs se présentèrent une fois dans le Karogloch en troupes si nombreuses que, soit de jour, soit de nuit, toute heure était bonne pour mettre à la mer le filet, et que, pour peu qu'il trempât dans l'eau, il était déjà rempli de harengs. On peut lire dans l'ouvrage d'Anderson d'autres preuves d'apparitions de harengs, presque aussi nombreuses sur les diverses côtes de l'Écosse, et des exemples non moins nombreux et attestés par des témoins oculaires, ont été observés en Norwége, sur toutes les côtes de la Hollande, de la Zélande, et l'on trouve aussi des faits semblables rapportés par tous nos pêcheurs de Dunkerque, Calais, Dieppe et Boulogne. Un pêcheur de Dieppe naviguant à quatre lieues au large nord-nord-ouest de ce port, rencontra un bouillon de harengs si prodigieux qu'il prit dans la même nuit vingt-huit last ou deux cent quatre-vingt mille poissons, et il estima en avoir rejeté à la mer une quantité presque égale. Un pêcheur de Fécamp se trouvant entre la pointe de la Hève, en Antifer, captura tant de harengs dans une nuit qu'il fut obligé de couper une partie de ses filets pour éviter de perdre la tessure entière; ce qu'il sauva contenait trente last de harengs. Il estimait à plus de huit cent mille le nombre des harengs qui s'étaient emmaillis dans ses filets. Il n'est aucun pêcheur de ces ports à qui l'on n'ait entendu raconter plusieurs fois que les grands bateaux ou corvettes de pêche n'avaient dû leur salut qu'au prompt abandon de leurs filets, dont les équipages coupaient les cables au moment où le poids du hareng devenait si considérable que tout équilibre était détruit. Cela rappelle tout à fait les dangers de sombrer courus par les pêcheurs baleiniers qui sont quelquefois obligés de casser avec promptitude les fortes amarres en fer qui attachent la baleine le long du bordage, lorsque celle-ci vient, suivant leur expression, à couler. On a vu quelquefois dans l'espace de mer compris entre Niewport et Dunkerque d'une part, et Yarmouth de l'autre, des bancs si nombreux, si épais, si difficiles à rompre que les pêcheurs flamands les comparaient aux dunes qui bordent la mer.

Il arrive quelquefois à Boulogne que les barques sortent et rentrent trois fois dans un même jour avec un chargement considérable à chaque aller et venir. Dans toutes ces réunions extraordinaires par leur nombre, les harengs se présentent en différents états de grandeur, de grosseur, de maigreur ou de graisse. Ces circonstances de leur apparition changent sur toutes les côtes, indépendamment des saisons, et sans qu'il y ait de règles certaines à cet égard. Une opinion communément très-répandue est, que les radeaux qui paraissent et s'élèvent les premiers à la surface de l'eau, sont composés de poissons plus petits, mais souvent plus gras que ceux des colonnes qui les suivent. Leuwenhœck, qui a discuté la probabilité de l'âge des harengs, a observé que les premiers qu'on pêchait sur les côtes de Hollande pendant le mois de juin, contrairement au règlement de pêche, étaient toujours beaucoup plus petits que ceux qu'on prenait ensuite dans la vraie saison. Des observations semblables ont été faites par Knox en Écosse, en Irlande, dans la Baltique. Les informations que Noël de la Morinière a fait prendre à ce sujet dans la Manche, à Saint-Brieux, à Grandville, à Dieppe, à Fécamp, ont toutes établi que les gros harengs succèdent à des radeaux composés de plus petits poissons. Les pêcheurs disent, qu'au commencement de la pêche il se présente des lits de petits harengs qui se dégagent aisément des mailles destinées à prendre les gros; ce qui fait qu'on ne les rapporte point. Cependant Anderson dit qu'il n'est pas toujours vrai que le hareng de la première pêche soit plus petit que celui de la seconde. Il en cite des exemples contraires dans les différents Lochs d'Écosse, et on a observé le même fait auprès de l'île de Man. Aussi cet auteur rapporte-t-il, que les barques de pêche bien équipées ont trois sortes de filets dont les mailles sont plus ou moins grandes. Mais il est à remarquer que cet usage, qui s'est conservé en Écosse et même en France pour les harengs d'arrière-saison, est abandonné depuis longtemps par les Hollandais; ce qui explique pourquoi leurs harengs sont toujours plus gros et d'égale grandeur. Bloch établit que le hareng des mers occidentales de Suède a d'autant moins de grosseur ou d'embonpoint, qu'il se montre plus tard. Lorsque, dit-il, le poisson se montre sur les côtes de Suède dès le mois d'août, il ne le cède en rien au hareng de Hollande; mais à mesure que le temps de la pêche se passe, on prend chaque semaine des harengs plus petits et plus maigres; d'où il suit, que le hareng pêché du premier au quatorzième jour de son apparition, est regardé comme le meilleur, et conséquemment acheté à un plus haut prix. Cependant le baron d'Alströmer contredit cette assertion de Bloch. Il est vrai

que le hareng de prime se vend toujours trop
cher pour être converti en huile ; mais il n'en
faut pas conclure que les radeaux de seconde
et de troisième apparition soient pour cela dé-
pourvus de la graisse qui les fait rechercher
pour cette industrie. Ce savant économiste
cite plusieurs captures de harengs faites dans
le mois de février dont on obtint de l'huile.

Pontoppidan établit à peu près les mêmes
faits pour le hareng des côtes de Norwége, de
sorte qu'en rapprochant ses observations de
celles que nous fournissent les Hollandais et
les Flamands qui fréquentent les eaux de
Shetland, ou les pêcheurs écossais, dont Anderson cite les témoignages, on voit que tous
ces écrivains ne sont pas d'accord sur l'époque
de la saison où le hareng est le plus gras. Les
pêcheurs de la Manche ont remarqué la même
variation dans la composition des radeaux de
première ou de seconde apparition. C'est donc
bien à tort que Knox prétend que les harengs
qui traversent la Manche sont si fatigués et si
appauvris, qu'ils ne sont plus propres à être
salés et à entrer dans la circulation commerciale. Il est tout aussi difficile d'établir l'époque
précise du frai du hareng. Zorgdragers[1] a vu

---

1. Zorgdr., *alte und neue grœnl. Fisch.*, II, 97.

du frai de hareng au delà du cercle arctique vers la fin de l'hiver. On dit que dans la Baltique les harengs fraient dès la fonte des glaces, c'est-à-dire, depuis le commencement du printemps jusqu'en automne. Mais, quelquefois aussi on a vu dans cette mer du frai de hareng pendant l'hiver; ce qui établit encore que tous les poissons d'un même radeau ne fraient pas à la fois, c'est que les pêcheurs déclarent tous qu'ils prennent le hareng en trois états différents : une sorte composée de harengs pleins, une seconde de harengs gais, et une troisième de harengs déjà disposés à redevenir pleins. Ceux qui font les diverses préparations du poisson pêché, reconnaissent également ces différents états du hareng. En Hollande, on ne fait aucun choix du hareng pendant les dix premiers jours de la pêche, et tout ce qui est pris est envoyé, sans distinction, depuis Hambourg jusqu'à Amsterdam, pour y être consommé comme harengs de prime. Après ces premiers envois, on a très-grand soin de faire le triage du poisson pris chaque nuit; cette opération, aussitôt qu'il est caqué, et avant de lui faire subir la préparation du sel, c'est alors que l'on distingue ce qu'on appelle le petit hareng (*Maatges haring*), celui qui n'a encore ni œufs ni laitances;

il est gras et d'un goût très-fin; mais il ne se conserve pas longtemps. Une seconde sorte est le hareng plein (*volle haring*), et une troisième, le hareng vide (*yln haring*).

Des observations répétées prouvent que les harengs fraient autour des îles Hébrides, sur les côtes orientales ou occidentales d'Écosse, dans toutes les baies de l'Irlande et autour de l'île de Man. Noël de la Morinière a recueilli des observations, établissant la reproduction du hareng sur les côtes du pays de Galles.

La Norwége, la Suède, le Danemarck, la basse Allemagne reçoivent aussi chaque année sur leurs côtes le frai de ce poisson. Schœnfeld croit que le hareng dépose ses œufs à l'embouchure de l'Elbe, parce qu'on trouve de jeunes harengs dans les eaux de ce fleuve. Tous les pêcheurs hollandais sont témoins du frai du hareng sur le Doggerbank; ceux du Zuyder-sée et toute la Nord-Hollande conviennent que vingt jours environ avant l'équinoxe du printemps le hareng se rassemble pour frayer, qu'il met un mois à lâcher tout son frai, et qu'il choisit toujours de préférence les fonds sur lesquels il se trouve peu d'eau. Les pêcheurs de la Manche croient que le hareng lâche ses œufs ou sa laitance à partir de la passure de Dyck, à l'ouverture de cette mer jusqu'au cap la Hève. Lorsqu'à Boulogne on commence à prendre du hareng déjà gai, on regarde ces poissons comme la tête d'un lit nombreux de harengs pleins qui ne tardent pas à se montrer. L'expérience répétée a établi avec raison cette opinion. Des radeaux de poisson vide sont donc remplacés par des lits de poisson plein, et il faut aussi remarquer que les poissons vides, pris vers la fin de la saison, sont presque toujours plus grands que n'étaient les harengs pleins du commencement de la pêche. Il faut donc conclure de tout cela que les harengs n'ont pas, depuis le pôle Nord jusque dans nos mers, une époque fixe pour frayer, et qu'ils se multiplient dans toutes les mers où ils se trouvent.

Ce que j'ai rapporté plus haut sur la quantité d'œufs que les pêcheurs tirent quelquefois dans leurs filets, démontre aussi la vérité de la reproduction du hareng dans ces différentes mers.

Maintenant que je viens de parler de la reproduction du hareng et de sa prodigieuse fécondité, il est bon de dire quelques mots sur les ennemis que la nature lui a donnés. Il faut d'abord citer tous les grands cétacés; ils les poursuivent, le long des côtes, avec beaucoup d'acharnement. Ces circonstances n'avaient point échappé aux pêcheurs les plus anciens, car dans l'ancien langage des pêcheurs islandais, une espèce de baleine est surnommée *fiskreki*, c'est-à-dire chasseresse de poissons. Pontoppidan, Ström, disent que ces baleines se trouvent dans les golfes de la Laponie tant qu'elles sont certaines d'y trouver du hareng. Knox cite des faits semblables sur les côtes d'Écosse. L'un de ces cétacés ou le *Nordkaper*, a reçu sur les côtes d'Islande le nom de *Herring-Balein*. Les harengs, pour échapper à la poursuite de ces grands mammifères, se jettent sur la côte, cherchent un asile dans les anses ou dans les bras d'eau où les baleines n'osent s'engager, circonstances qui rendent la pêche du hareng plus facile et plus prompte. Aussi est-il défendu de tuer ces gigantesques animaux sur la côte de Norwége pendant la pêche du hareng. On sait aussi que la poursuite devient funeste aux cétacés qui viennent plus souvent échouer pendant la saison du hareng que pendant les autres mois de l'année. Les pêcheurs regardent en général l'apparition des baleines comme un présage heureux et sans équivoque d'une bonne pêche de hareng. Après ces grands cétacés il faut aussi ranger les phoques qui font aux clupées une guerre fort active; puis, enfin, il faudrait citer une foule de poissons, tels que tous les squales, les esturgeons, les gades, les saumons, la chimère arctique, qui a reçu, dans certains parages, le nom de roi des harengs. Les squales entre autres, comme l'Aiguillat (*Sq. acanthias*), l'Émissole (*Sq. mustelus*) et la Roussette (*Sq. catulus*), se réunissent en troupes considérables sur certains fonds que le hareng affectionne aussi, et quelquefois ils y sont en si grande quantité, que certains pêcheurs ont abandonné des stations pour éviter de voir leurs filets déchirés par ces incommodes cartilagineux. Les matelots de Dieppe disent qu'ils ont cessé de trouver du hareng sur la bassure du Larron qui était, après la Caillebarde, un des meilleurs fonds de la Manche, depuis que le poisson y a été détruit par des chiens de mer.

Les pêcheurs de Dieppe ou de Boulogne croient avoir remarqué des apparitions inégales et successives de ces bandes de squales. Ils disent que ces cartilagineux font principalement la chasse aux harengs pendant le jour; qu'ils se disputent leur proie jusque sous la barque; que le plus souvent ils coupent le poisson en deux avant de l'avaler. La quantité considérable d'huile qui en découle vient s'étendre à la surface de l'eau et forme, suivant quelques observateurs, ce qu'on appelle le graissin. Il arrive quelquefois aux pêcheurs de retirer des pièces entières de filets qui ne contiennent plus que des harengs coupés par le milieu du corps. Après les squales, les esturgeons, dans les eaux salées du nord, consomment une telle quantité de harengs, que leur chair et leur graisse en contractent tellement le goût, qu'on les appelle *Sild-Stoere* (esturgeon-hareng). Les oiseaux de mer font aussi une chasse active aux harengs; tous ces palmipèdes pêchent nuit et jour, soit pour leur propre nourriture, soit pour celle de leurs petits. L'avidité de ces oiseaux est si grande qu'ils viennent se jeter sur les barques des pêcheurs et leur prendre en quelque sorte le poisson dans les mains; c'est un des spectacles les plus animés et les plus curieux dont on puisse être témoin. Il a inspiré à l'un de nos plus habiles peintres de marine le sujet et la composition d'un grand et beau tableau où cette scène a été représentée avec beaucoup de vérité. Les manœuvres de tous ces oiseaux sont un sujet continuel d'observations pour les pêcheurs qui croient en tirer de bonnes indications pour la pêche de la nuit suivante. Il est d'ailleurs inutile de répéter ici ce qui a déjà été dit tant de fois, c'est que l'homme, par son industrie, est le plus habile et par conséquent le plus terrible ennemi de ce poisson. Les chiffres que nous donnerons en traitant de la pêche de cette clupée, semblent vraiment dépasser tout ce que l'imagination peut atteindre.

Tout ce que nous venons de rapporter des habitudes du hareng nous conduit maintenant à examiner l'opinion, si fortement accréditée, des voyages périodiques et réguliers que les harengs sembleraient faire tous les ans en bancs serrés d'une étendue presque incalculable, frayant en route et arrivant presque exténués à l'entrée de la Manche vers le milieu de l'hiver. Les naturalistes les plus célèbres ont répété le tracé de ces voyages réguliers. On fait venir le hareng du nord. A certaines époques de l'année, une colonne immense quitte les golfes abrités par les glaces du cercle arctique. Elle s'avance en traversant l'Océan et en dirigeant sa marche vers des contrées plus tempérées. Cette colonne d'émigrants se forme en deux divisions dont l'une se porte à l'ouest et l'autre vers le sud. Dans cette hypothèse les harengs de la colonne occidentale sont destinés à peupler les rivages de la côte d'Amérique ; la seconde division viendrait peupler les mers d'Europe. Les auteurs de ce système n'ont pas fait attention à la distinction spécifique entre le hareng européen et celui d'Amérique. Ils ont d'ailleurs oublié de faire une troisième part pour les harengs des mers de l'Asie, à moins qu'on n'admette que ceux-ci ne viennent d'une colonne partie directement du cercle polaire. Si nous revenons suivre la division qui s'est dirigée vers le sud, on dit qu'elle arrive aux attérages de l'Islande peu de jours avant l'équinoxe du printemps. Le rétrécissement de la mer entre la côte septentrionale du Grœnland et le cap Nord force cette division à se resserrer; arrivée en Islande, des troupes assez nombreuses se portent sur les côtes du Grœnland, mais la masse de la colonne poursuivie par les cétacés ou harcelée par les oiseaux de mer, pousse ses phalanges en tirant toujours vers le sud, après avoir peuplé les différentes baies de l'Islande. Parvenue dans les grandes eaux de l'Océan septentrional, la colonne étend alors ses flancs à droite et à gauche et se subdivise; aussi il n'y a point d'espace de mer qu'elle ne traverse aisément ni de détroit qu'elle ne puisse franchir.

Arrivées sur les îles de Shetland, les nombreuses subdivisions de cette grande colonne auraient chacune une destination particulière. Ce que l'on appelle l'aile gauche, range la côte de Norwége depuis la Laponie jusqu'à l'ouverture du Cattegat. L'aile droite se dirige vers les Hébrides et le nord de l'Irlande. Le corps du centre reste composé de harengs destinés à peupler la mer du Nord, en suivant les côtes orientales des Iles britanniques, et en se portant de là dans la Manche. L'aile gauche ou la norwégienne, remplirait successivement tous les golfes qu'elle rencontre sur son passage, depuis le cap Nord en Laponie jusqu'à Tromsöe. Cette aile est présumée se former en deux troupes principales : l'une d'elles suivrait les côtes de la Suède, gagnerait le détroit du Sund et le franchirait pour aller se perdre dans la Baltique ; l'autre traverserait brusquement le Cattegat et se porterait au nord du Jutland ; elle se subdiviserait encore en deux colonnes. La première longerait pendant quelque temps la côte à l'est, s'égarerait dans les Belts et les canaux des îles voisines, allant probablement rejoindre la troupe qui a longé la côte de Suède. La seconde descendrait à l'occident du Jutland, côtoierait le Sleswich, le Holstein, une partie de la basse Allemagne et la Frise, et viendrait se jeter par le Texel dans le Zuydersée, après en avoir visité les différents rivages. Le corps principal de cette armée, sorti des mers polaires, étant arrivé aux îles de Shetland vers l'équinoxe du printemps, se diviserait en deux troupes. L'une d'elles nagerait directement aux Orcades, et de là en Écosse où elle remplirait les baies ou les anses de la côte orientale, en rangeant Backaness, Aberdeen; quittant les côtes élevées de Berwich pour se diriger vers le sud, elle reparaîtrait ensuite à la hauteur de Scaborough. Dans cette hypothèse, des détachements assez nombreux se donnent rendez-vous sur le Doggersbank; une partie gagne la mer de Hollande, pour s'incorporer probablement avec ceux qui ont fait originairement partie de l'aile gauche, mais le plus grand nombre se réunissent sur les côtes d'Yarmouth, passent à l'embouchure de la Tamise, et se portent de là dans la Manche, dont ils parcourent les deux côtes après avoir rallié quelques corps détachés des colonnes qui ont visité les mers de Hollande ou de Zélande, après s'être montrés dans les eaux de Douvres, d'Hastings, de Shoram et dans celles de Boulogne, de Dieppe et de Fécamp, les bandes entières gagnent l'ouest de la Manche et disparaissent.

La deuxième des troupes qui s'est formée aux îles de Shetland, s'est dirigée vers les Hébrides, tandis que la première se rendait aux Orcades. Ces bandes se subdivisent dans les nombreux canaux qui séparent les îles de l'ouest, visitent les atterrages d'Anglesey, de l'île de Man, de la baie de Cardigan, de la Saverne, d'où elles se portent, en longeant les côtes de Cornouailles, dans les eaux de la Manche. Enfin, l'aile droite se partage, comme en Écosse, lorsqu'elle est arrivée au nord de l'Irlande. Une partie descend le canal d'Irlande, remplit toutes les baies jusqu'à Waterford, tandis que l'autre, contournant l'Irlande à l'ouest par Donégal et Galloway, vient aussi se perdre dans les eaux de la Manche ou de l'Océan, pour se reporter vers le nord, d'où elle recommencera une seconde fois ses voyages périodiques.

Telles sont les opinions des partisans du système migratorial du hareng. Le mois qui suit le solstice d'hiver est l'époque du terme qu'ils assignent aux courses étonnantes de ce poisson. Pour ajouter encore un caractère plus imposant, des pêcheurs leur ont donné une précision singulière; on a avancé qu'aux Shetlands on connaît le jour fixe de l'arrivée du grand banc, et que ce jour ne varie jamais; on a été jusqu'à fixer le nombre de jours que les colonnes passent dans telle ou telle baie. La même opinion existe en Hollande et sur les côtes de France. Ainsi nos pêcheurs de

Boulogne sont d'opinion que cette clupée
vient en radeau sur la bassure de Dyck près
Calais, vingt-quatre jours après l'équinoxe
d'automne, et sur celle de la Caillebarde cinquante jours avant le solstice d'hiver, ce qui
est à une quinzaine de jours près la même
époque. Sans croire à une régularité aussi invariable dans les apparitions des bancs, il ne
faut pas cependant les confondre avec le tracé
des migrations des harengs, quoique plusieurs
auteurs aient voulu lier ensemble ces deux
événemens. Pour appuyer ces systèmes si
accrédités, les auteurs ont donné des raisons
très-diverses; les uns trouvent la cause de
ces voyages périodiques dans les vues bien-
faisantes de la Providence, les autres dans la
fusion des glaces du pôle, dans l'excès de la
fécondité de l'espèce et par suite dans la mul-
tiplication d'individus qui causeraient une
rareté de subsistance assez grande pour forcer
le poisson à émigrer. Enfin la crainte et les
poursuites des grands animaux de la classe
des mammifères ou des poissons ont fait ima-
giner aussi la nécessité du déplacement du
hareng. D'autres auteurs ont cru au besoin de
frayer dans des eaux moins froides ou de
chercher une température plus douce pour
le développement des petits. Il suffit de se

rappeler tout ce que nous avons dit plus haut, pour réfuter ce qui a rapport au frai ou à la nourriture du hareng, puisque des témoignages positifs nous apprennent qu'ils frayent depuis les mers septentrionales jusque dans la Manche.

Quelques autres auteurs ont cru que les harengs ne se dirigeaient pas aussi directement du nord au sud, que nous venons de l'établir. Ainsi les uns les ont fait voyager sans relâche autour des Iles britanniques, d'autres ont tracé au contraire leur route de l'ouest au nord. Il me paraît que ces différentes opinions ont pris naissance à la suite de l'apparition des différents radeaux de harengs. Quelques auteurs, tels que Gilpin, ont fait exécuter et accomplir les voyages des harengs à travers l'Atlantique d'Amérique en Europe. Il n'est pas aisé de découvrir quel a été le premier auteur du récit des voyages merveilleux du hareng. Mais cette histoire, qui paraît d'abord assez plausible lorsqu'on la compare aux migrations périodiques et si merveilleuses des oiseaux, qui a été si souvent répétée que presque toutes les nations européennes ont cru devoir l'admettre comme un fait constant et authentique, mérite cependant que nous nous arrêtions encore un peu sur ce sujet, parce qu'on n'a pas hésité de rédiger sur ces

données, aussi vagues qu'incertaines, des po-
lices de pêche, que l'on a fait passer en force
de loi. Anderson, l'un des observateurs les
plus éclairés des mœurs et des habitudes du
hareng, est opposé au système migratorial; il
remarque, en effet, que la pêche du hareng
sur les côtes d'Argil en Écosse, commence
vers le solstice d'été, lorsqu'on n'a encore vu
aucun hareng dans le canal qui sépare l'île
Longue de l'Écosse.

On retrouve la même circonstance dans
l'île de Man, lorsqu'aucun radeau de harengs ne
s'est montré dans les pièces d'eau que ces
poissons auraient nécessairement visitées s'ils
venaient du nord. Si de l'ouest de l'Écosse
nous passons avec Anderson à l'est de cette
île, des observations semblables se reproduisent avec les mêmes faits. Rarement, dit-il,
les harengs se montrent sur la côte d'Aberdeen
avant le solstice d'été; alors toutes les baies
de la côte sont tellement empoissonnées de
harengs qu'avec les moindres filets on en
fait d'immenses provisions. Or, à cette même
époque, c'est-à-dire, au solstice d'été, la pêche
commence à Exmouth, à plus de deux cents
milles au sud d'Aberdeen, dans le temps même
où le hareng serait à peine arrivé aux îles
de Shetland d'après le système général des mi-

grations. Anderson remarque ensuite que, si la marche du hareng suivait du nord au sud, aucune partie de l'Écosse ne devrait offrir une pêche aussi abondante que la côte septentrionale de Caithness, parce que les terres doivent y opposer une grande résistance, et que dans l'hypothèse du voyage, les harengs devraient s'enfoncer dans les baies ou les creeks de ce grand golfe. Il est cependant d'expérience que la pêche n'est jamais aussi avantageuse dans l'ouest que dans le nord de l'Écosse; que la pêche de l'été est en quelque sorte nulle à Caithness; qu'elle n'y présente quelque intérêt qu'en automne ou en hiver, époque de l'année où, d'après le système de route attribué aux harengs, il ne devrait plus s'y trouver un seul de ces poissons. Anderson a fait encore et avec autant d'exactitude la même remarque sur les côtes du Firth de Murray. S'il est vrai, continue cet historien, que les harengs descendent du nord, lorsqu'ils se montrent, soit en été, soit en automne, sur les côtes occidentales d'Écosse, ces poissons doivent, en continuant de se porter toujours au sud, trouver les côtes septentrionales de l'Irlande, qui semblent leur fermer le passage. Ils devraient par suite de cette circonstance être forcés à y faire un plus long séjour; ce qui rendrait la pêche d'hiver plus sûre et plus avantageuse que sur les côtes d'Écosse. Or, voici ce qu'on a observé et ce que rapporte l'auteur dont nous extrayons tous ces passages. Bien qu'en général les harengs se montrent souvent en grande quantité sur les côtes d'Écosse pendant la saison d'été, alors qu'il y en a fort peu dans les mers d'Irlande; bien aussi qu'en hiver les côtes d'Irlande possèdent peut-être plus de harengs que les côtes d'Écosse, cependant l'opinion que la pêche d'hiver l'emporte en produit sur celle d'été, éprouve beaucoup d'exceptions. Ainsi, par exemple, avant 1782, la pêche d'hiver a manqué rarement sur les côtes d'Écosse, et elle a été presque toujours nulle sur celles d'Irlande. En 1782, les pêches d'été et d'hiver furent mauvaises en Écosse; mais la dernière fut très-abondante en Irlande. Cette circonstance éveilla l'attention des pêcheurs écossais. En 1783, la pêche d'été fut bonne en Écosse; celle d'hiver très-médiocre; tandis qu'en Irlande toutes les baies fourmillaient de poisson. D'après l'exemple de ces deux années, la spéculation fit tracer aux Écossais un nouveau plan de pêche; mais l'attente des pêcheurs fut entièrement déçue; car, en 1784, les bancs de harengs se montrèrent dans les baies d'Irlande avant le solstice d'été, et dans le cours de l'hiver suivant on n'en vit pas un seul dans les baies d'Irlande. Cette même année la pêche d'été avait été bonne sur les côtes d'Écosse; mais la meilleure eut lieu en automne dans la partie septentrionale des Hébrides; nouvelle contradiction avec le système général des migrations, car la meilleure saison de pêche devrait être l'été sur les côtes d'Écosse, et l'hiver sur les côtes d'Irlande. Les bancs de harengs que l'on suppose arrêtés dans leur course du nord au sud, en voyageant, soit par les îles Shetland, soit par les côtes septentrionales de l'Écosse et de l'Irlande, ne commenceraient point par se montrer en été dans les eaux profondes de la mer du Nord pour venir ensuite, vers la fin de la saison, dans les baies écossaises. Si la marche du hareng était aussi régulière qu'on le présume, les pêcheurs ne seraient point incertains pour le trouver. Noël de la Morinière rapporte plusieurs faits qui lui ont été communiqués par des pêcheurs flamands ou hollandais, et qui sont tout à fait contraires à la marche attribuée aux harengs. Un pêcheur de Bruges lui a assuré qu'après avoir pêché le grand hareng à la hauteur de Shetland, il lui était arrivé d'être trente ou quarante jours sans revoir un seul de ces poissons, quoiqu'il naviguât dans les eaux qu'on suppose traversées par ces poissons. Une corvette de Nieuport a mis trente-sept fois les filets à la mer sur les fonds de Shetland pour prendre une demi-tonne de harengs; elle était arrivée de fort bonne heure. Des corvettes flamandes qui étaient restées plus au sud, complétèrent leur chargement en trois jets de filets ou en trois nuits. D'autres corvettes de Nieuport avaient fait une bonne pêche à la hauteur de Caithness; tandis que les buyses hollandaises n'avaient pas trouvé dans le même temps le quart de leur cargaison aux Shetland. Noël a vu un pêcheur d'Ostende qui retournait souvent sur les fonds d'Yarmouth aux approches du solstice d'hiver quand il ne trouvait plus de poisson depuis Boulogne jusqu'à l'entrée de la Manche. La majorité des pêcheurs de cette mer est aussi d'opinion que le hareng leur arrive du nord; mais, malgré tout ce qu'ils disent de la régularité de ces apparitions sur les bassures de Dyck, de la Caillebarde, du Larron, etc., leur conduite prouve qu'ils n'ont aucune connaissance positive de la marche de ce poisson, et qu'ils sont constamment à sa recherche. S'il fallait ajouter foi à leurs dires, le hareng se trouverait dans les eaux voisines de Dunkerque peu de jours après l'équinoxe d'automne; vingt-quatre jours après sur la bassure de Dyck; puis, après quinze jours, ils arriveraient sur la Caillebarde. On peut déjà observer qu'ils ne sont pas d'accord entre eux sur la route suivie par le poisson pour s'y rendre. Les uns prétendent qu'il y arrive par le vent d'ouest ou nord-ouest. Ils croient avoir remarqué que par les vents d'est ou de sud-est ils passaient plus près de Boulogne. D'autres prétendent que le poisson ne vient point de Dyck, mais d'autres fonds ou de la bassure des grands Ridains; qu'il se rend dans les eaux Wissant, et de là dans celles de Boulogne. On doit conclure de tout ceci que les pêcheurs de la côte de Calais ont l'opinion que le hareng vient du nord. On devrait conséquemment s'attendre que leurs procédés de pêche et le système qui les régit coïnciderait avec cette opinion. Cependant il arrive souvent aux pêcheurs de mettre d'abord leurs filets à la mer dans les eaux voisines de Wissant, et de remonter ensuite plus au nord jusque sur le Dyck; ils suivent donc pour pêcher une route du sud au nord. L'observation de la conduite des pêcheurs de Fécamp prouve leur même incertitude sur la marche du hareng et sur la progression du nord au sud. Noël de la Morinière a vu une réunion de trente bateaux de pêche en travers sur les Dales; ils s'y rendaient régulièrement à chaque marée, quoique la pêche fût très-médiocre. Deux de ces bateaux, cependant, se détachèrent et vinrent stationner à l'ouest entre Antifer et La Hève; ils y firent une très-abondante pêche, et ils prirent à eux seuls plus de harengs gais que tous les autres bateaux réunis ensemble. A la marée suivante, les pêcheurs, à l'exception de quatre à cinq, mirent le cap à l'ouest. La pêche y fut très-mauvaise, tandis que les autres bateaux qui étaient retournés à la station de Dale firent la même nuit une excellente capture. Les harengs étaient remarquables par leur grandeur, et il faut noter qu'il y en avait plus de la moitié de pleins. Le lendemain, une partie de ceux qui s'étaient portés à l'ouest revinrent à l'est de Fécamp, et ils n'y prirent pas un seul hareng. Ceux qui, au contraire, persistèrent à rester sur les fonds voisins de la Hève, en pêchèrent cette même nuit une immense quantité. On pourrait citer un grand nombre d'exemples semblables; mais cela est tout à fait inutile pour établir jusqu'à quel degré les pêcheurs restent dans l'incertitude, malgré l'apparence contraire qu'ils aiment à se donner.

D'autres fois les pêcheurs expliquent leur désappointement, en attribuant les déviations de la route tenue par les harengs à la poursuite des chiens de mer ou autres poissons voraces. Noël rapporte à ce sujet, qu'étant à Étretat les pêcheurs pensaient que les chiens de mer, donnant la chasse aux harengs et les obligeant de ranger la côte, ils devaient jeter leurs filets à la mer aussi près que possible, au risque de s'y échouer. Il arriva, contre leur opinion, que ceux des bateaux qui se trouvaient le plus au large, firent une meilleure pêche. Presque tous les pêcheurs de la Manche s'accordent à dire, que le côté des filets qui regarde le nord-ouest, est presque toujours plus rempli que la face opposée. Mais dans l'hypothèse du système migratorial, les harengs, venant du nord, et suivant la courbure de la côte depuis Boulogne jusqu'à Dieppe, devraient s'emmailler plutôt sur le rhumb du sud-est que sur celui du nord-ouest. Le moindre coup d'œil jeté sur la carte, suffit pour convaincre de cette vérité ; par conséquent, s'il est vrai, comme le disent les pêcheurs, que le rhumb du nord soit constamment le meilleur, il faut en conclure que les harengs viennent de l'ouest. En général, on peut dire que l'examen des faits et la pratique sont toujours opposés à leur

théorie. Les pêcheurs de Saint-Brieux disent
aussi que le hareng vient du nord; dès l'équinoxe d'automne, ils tendent des filets dor-
mants le long de la côte, et les individus que
l'on y prend, sont de plus en plus gros pendant
l'espace de deux mois. Ces harengs viennent
donc de l'ouest; car ils devraient, au contraire, être plus petits à la fin de la saison
qu'ils ne le sont au commencement, s'ils faisaient partie de radeaux entrant dans la
Manche par le Pas-de-Calais. Les pêcheurs de
Grandville, et surtout ceux d'Yport, reconnaissent qu'en été le hareng périt sur leurs
côtes en venant de l'ouest, tout en restant
fidèle à l'opinion générale que le hareng
voyage du nord au sud. Si nous nous trans-
portons de la Manche dans la mer du Nord,
nous retrouvons les mêmes dires et les mêmes
faits pour établir les mêmes erreurs. Les pêcheurs de Vlaardingen, sans cesser de croire
que le hareng vient de la mer Glaciale, conviennent qu'il en arrive aussi de l'ouest;
mais, dans ce cas, ils disent que les poissons
se sont trompés de route.

Il faut aussi faire attention dans cette réfu-
tation du système migratorial des harengs, que
ses partisans ont tous entendu que le poisson
arriverait de la mer qui s'étend au delà du

cercle arctique. Or, les remarques faites sur les côtes du Groenland, de l'Islande ou de la Laponie établissent positivement que cette espèce de clupée n'est pas aussi féconde dans ces latitudes qu'on serait porté à le croire dans le système opposé.

Nous avons déjà fait observer que Othon Fabricius dit formellement que le hareng est un des poissons les moins communs dans les eaux du Groenland. L'Islande, qui vient après, fournit un grand nombre de preuves contraires au système migratorial. S'il était vrai, en effet, que les harengs descendissent tous les ans des mers les plus voisines du pôle, les golfes de l'Islande, ouverts au nord, devraient fourmiller de harengs quand se fait l'émigration. Or, c'est ce qu'on n'a jamais vu. Olafsen dit même qu'il n'est guère vraisemblable que les harengs viennent du nord ; car, dans les districts septentrionaux de cette île on ne trouve que fort peu de harengs. Ce témoignage est encore appuyé par celui d'Olavius, qui affirme que de mémoire d'homme on n'en a pris qu'une seule fois en quantité remarquable dans l'année 1773, mais que communément ces poissons ne s'y montrent qu'en petite quantité, et que leur abondance dans les mers d'Islande est bien au-dessous de ce qu'on croit communément. Ce récit s'accorde avec celui d'Égedde ; cet auteur observe qu'il se passe souvent plusieurs années sans qu'il se voie de harengs en Islande ; il s'accorde aussi avec celui de Stephensen, qui n'y a vu ces poissons qu'en automne, s'il en excepte quelques radeaux assez nombreux qui se montrèrent en été à Eyafxord. C'est peut-être un de ces radeaux semblables dont Mohr a entendu parler, lorsqu'il a dit qu'en août on prenait quelquefois des harengs plus gras que ceux de Flandre.

Si nous examinons maintenant ce qui se passe en Laponie, nous trouvons la même contradiction entre les faits et le système des migrations du hareng. S'il était vrai que le hareng descendît du pôle, et qu'après avoir doublé le cap Nord, il cotoyât les côtes de la Norwége, les baies les plus septentrionales de ces contrées seraient invariablement visitées les premières à mesure que l'été s'avancerait. Or Knudleen[1] et Pontoppidan[2] qui connaissent si bien ces contrées boréales s'expriment en ces termes : le hareng vient quelquefois en Laponie pendant l'hiver ; il y procure alors une bonne pêche. Pour ce qui regarde la

---

1. Knudl., *Besk. over finnm. Lapp.*, 321.
2. Pont., *finnm. Mag.*, 389.

pêche du hareng en Nordlande, Fruus[1] rapporte qu'elle est plus abondante une année que l'autre et souvent bornée à tel district exclusivement. La pêche s'est faite pendant longtemps à Drontheim sans interruption et elle était très-considérable; mais on a vu le poisson disparaître de ces baies pendant plusieurs saisons, ce qui a forcé d'aller chercher le hareng fort loin vers le nord. Ce n'est même que depuis quelques saisons de pêche que le hareng s'est ainsi montré dans les parties septentrionales de la Norwége et de la Laponie. On a vu aussi que nous avons insisté sur les différences de races ou de variétés qu'on remarque dans les formes extérieures du hareng; les variations dont nous avons cité des preuves nombreuses et qu'on observe sur presque toutes les côtes, depuis les mers septentrionales de Norwége jusque dans la Manche, me semblent une des réfutations les plus positives du système migratorial des harengs. Comment se ferait-il, par exemple, si le hareng venait de la mer glaciale, que la petite espèce de la Baltique traversât le Cattegat pour entrer exclusivement dans cette mer, tandis que la grande espèce resterait sur

---

1. Fruus, *Of handling om fisch. in Nortland*, 191.

les côtes de Suède qui regardent le Cattegat?
Les harengs qu'on pêche dans le Zuydersée
présentent les mêmes faits.

Que conclure de tout ce que nous venons
de dire? C'est que le hareng vit par légions
innombrables dans toutes les eaux où on le
pêche, qu'il se tient dans une profondeur dé-
terminée, considérable, et qu'il sait échapper
pendant longtemps aux moyens de poursuite
des pêcheurs, mais que lorsque vient le moment
du frai, le même besoin de placer convenablement le produit de sa génération le force à
quitter ses retraites de la même manière que
cela a lieu pour les sardines qui font, à la manière des harengs, des apparitions nombreuses
sur les côtes, où elles remplacent le hareng
qui n'y existe pas. C'est par un instinct semblable que les aloses ou les saumons sortent aussi
de leurs retraites sous-marines pour remonter
dans les eaux douces qui viennent verser leurs
eaux dans l'Océan. Un acte qui doit satisfaire
au même besoin, mais qui est tout à fait inverse, est celui dont les anguilles nous rendent témoin; un certain nombre d'entre elles
quitte les eaux douces pour se rendre à la
mer. Les harengs se déplacent pour apparaître
près des côtes et y déposer leur frai. Les
mouvements que nous observons dans ces

grands bancs ne sont que des déplacements accidentels, fortuits, qui tiennent à des causes qui n'ont pas encoré bien été observées. Mais comme les bancs sont considérables, qu'ils frappent l'imagination de l'homme par leur masse, les hommes peu instruits qui bravent avec courage les dangers incessants de la pêche de ces poissons, ont cherché à donner une explication poétique comme celles qu'enfante toujours l'imagination de ces hommes vivant isolés au milieu de ces grandes scènes de l'Océan. On y a ajouté peu à peu, et l'échafaudage du système entier a fini par s'y établir. Il faut bien remarquer cependant qu'il se passe là plusieurs phénomènes dont nous ne nous rendons pas encore bien compte. Les harengs fraient sur les côtes, les petits s'y développent; au mois de mars on trouve devant les rochers du Calvados des légions de petits harengs, longs de trois à quatre pouces, qui bientôt disparaîtront de la côte pour faire place aux harengs adultes qui se présenteront en bancs serrés pour peupler ces plages de nouveau frai. Le hareng grandit-il assez vite pour atteindre à la fin de l'année la taille que nous lui connaissons et être en état de revenir multiplier son espèce? ou bien passe-t-il une ou plusieurs années au fond des goufres de l'Océan jusqu'à ce qu'il soit en état de reparaître sur les plages? Si j'appliquais à ces clupées les observations que nous faisons sur les aloses, je serais assez tenté de croire à cette dernière supposition. En effet, nous voyons les aloses qui sont nées dans nos fleuves à une distance très-considérable de leur embouchure, car elle dépasse presque toujours cent lieues, redescendre vers la mer lorsqu'elles ont atteint une grandeur de deux à trois pouces; mais à l'époque de la montée on ne prend jamais que des aloses adultes qui ont de quinze à dix-huit pouces de longueur, qui sont par conséquent cinq à six fois plus longues que celles qui redescendent à la fin de la saison. D'un autre côté, l'on prend à la mer assez fréquemment des aloses de toutes tailles, qui n'ont encore cependant ni œufs ni laitances, et que pour cette raison on appelle *pucelles.* Cette espèce de poisson nous fournit donc la preuve que pendant un certain temps ces individus habitent un milieu tout différent de celui qu'ils sont obligés de prendre au moment du frai. Il me paraît raisonnable d'admettre le même ordre de choses pour le hareng. Cela tient d'ailleurs aux grands phénomènes de la distribution climatérique des espèces à la surface

de notre globe. De même que nous voyons
les plantes occuper des hauteurs déterminées
sur les montagnes, ce que M. de Humboldt
a désigné dans ses savants ouvrages par ces
expressions de région des pins, région des
chênes; de même qu'il a démontré que là où
finissent les chênes commence la végétation
des rhododendrons, de même les observations nombreuses que j'ai rapprochées, soit
sur les poissons, soit sur tous les autres animaux marins, m'ont convaincu de la justesse
de ces dénominations d'animaux côtiers ou
d'animaux de grand fond. Je suis convaincu
que si des observations étaient dirigées dans
le but d'éclaircir ces questions, on trouverait
que certaines espèces pélagiques vivent habi-
tuellement à des profondeurs déterminées,
qu'elles ne quittent que pour des besoins dé-
terminés. Les Gades sont parmi les poissons
ceux qui descendent aux profondeurs les plus
considérables, puisqu'on les tire des fonds
les plus bas où les lignes peuvent atteindre,
qu'au-dessus de cette région des morues existe
celle des harengs; puis viendraient les espèces
côtières de l'Océan, et vivraient enfin au-dessus d'elles nos poissons d'eau douce, dont
toutes les espèces ne peuvent pas atteindre
la même hauteur dans les lacs de nos mon-

tagnes. Les truites sont en Europe nos poissons alpins. Nous ne voyons aucune espèce de ce genre dans les grands lacs de la Cordillère des Andes, ou sur les cimes de l'Himalaya. J'ai déjà remarqué que dans les Andes, les Cyprinoïdes apodes peuplent le grand lac de Titicaca; les Siluroïdes s'élèvent aussi haut et vivent avec ceux-ci sur les hauts plateaux de Cusco. Les poissons que M. de Hügel a rapportés du lac de Cachemire sont extrêmement voisins de nos Barbeaux; on y trouve aussi quelques petites Loches. La présence des poissons de ce genre m'étonne d'autant plus qu'il résulte d'expériences que j'ai faites pour savoir comment les poissons de nos eaux douces peuvent supporter différentes pressions barométriques, que nos Barbeaux ne peuvent supporter la diminution d'une faible partie du poids de l'atmosphère, tandis que le Goujon (*Cyprinus gobio*) peut vivre dans une masse d'eau au-dessus de laquelle on a fait presque complétement le vide. Les phénomènes sont très-divers suivant les différentes espèces, aussi ne dois-je pas m'étendre sur ce sujet curieux dans cet ouvrage.

DE LA PÊCHE DU HARENG.

Après avoir fait connaître le hareng par
une description détaillée, après avoir comparé ce que les différents naturalistes ont dit
de ce poisson, après avoir rapporté et discuté
ce que l'on sait de ses habitudes, j'ai cru devoir terminer cet abrégé de l'histoire naturelle
d'une espèce aussi importante, en donnant
un tableau concis du produit de la pêche de
cette clupée chez les différents peuples. Noël
de la Morinière a publié dans le seul volume
l'Histoire naturelle des pêches qui ait paru
un historique de la pêche du hareng dans le
moyen âge. Il s'arrête vers 1400. L'ouvrage
de M. Noël de la Morinière est rare et peu
répandu. Le lecteur trouvera de l'intérêt à
la reproduction, par extraits étendus, de ce
que ce savant historien a laissé. J'ai d'autant
moins hésité à reproduire ces essais, qu'ayant
reçu de M. Cuvier les notes de Noël de la
Morinière, j'ai pu composer la suite de l'histoire de cette pêche jusqu'au commencement
du siècle. Je n'ai pas voulu dépasser cette
époque, parce qu'il aurait fallu pour ces der-

nières années se décider à présenter des tableaux statistiques, qui ne sont pas de nature
à paraître dans l'ouvrage que j'écris. J'ai voulu,
en donnant cette sorte d'avertissement préli-
minaire, rendre à la mémoire de Noël de la
Morinière l'hommage et le tribut qui lui appartiennent.

Les premiers documents que l'on trouve
sur la pêche du hareng en France remontent
à l'an 1030[1]. La charte de fondation de l'abbaye Sainte-Catherine près Rouen, établit
qu'il y avait dans la vallée de Dieppe cinq
salines et cinq habitations, ou, selon l'expression du temps, cinq masures, dont la
redevance annuelle était de cinq milliers de
harengs. On trouve une seconde preuve, presque aussi ancienne de la pêche de ce poisson,
dans le titre que Robert, duc de Normandie,
accorda en 1088, pour permettre un jour
de foire à l'abbaye de la Sainte-Trinité de Fécamp, tant que durera la pêche du hareng.
Dans le siècle suivant, les avantages de cette
pêche ne se bornent plus à une simple consommation faite sur les lieux. Le commerce du
poisson, et notamment celui du hareng salé,
commence à prendre de l'extension. Dès l'an

---

1. Noël de la Morinière, p. 320 et suiv.

1141, une compagnie des plus riches bourgeois de Paris avait acquis la place de Grève dans cette ville, et la société avait pris le titre de *Confrérie des marchands de l'eau.* Cette société fit bientôt une nouvelle association, qui avait pour but le commerce sur toute l'étendue de la rivière. Parmi les droits qu'ils établirent sur le port destiné à la décharge des marchandises de Paris, se trouve celui d'un cent de harengs pris sur chaque bateau dont la cargaison consistait en salines. A cette époque, Paris et les villes voisines tiraient de la Normandie, par la Seine, des épiceries, du sel, du poisson salé, etc. On lit dans un diplôme de Louis VII [1], donné en 1179 à la ville d'Étampes, la défense d'acheter aucune denrée dans cette ville pour l'y revendre ensuite, excepté le hareng et le maquereau salés. Le commerce du hareng devient bientôt plus protégé par les ordonnances de Philippe-Auguste. Dieppe avec ses salines, Fécamp par sa pêche, Rouen par sa position sur la Seine, faisaient la plus grande partie du commerce de ce poisson. En 1181, le roi défend de faire monter par la Seine aucun bateau depuis Mantes jusqu'à Paris, s'il n'était affilié à la société des

---

1. Laurière, Ordonn. des rois de France, XI. 211. 212.

marchands de cette ville. En 1187, Philippe [1]
confirme, par lettres-patentes, un accord passé
entre cette société et Gathon de Poissy, pour
le péage de Maisons sur Seine. Là furent réglés
les droits que paieraient à l'avenir les bateaux
chargés de hareng, de sel et de vin montant la
Seine, pour se rendre à Paris. Un acte de 1170
fait mention de la pêche du hareng au Tréport,
dans la concession de droit obtenu par l'abbaye
de la ville d'Eu, d'acheter tous les ans vingt
mille harengs frais ou salés exemptés de tout
droit. Un autre acte établit aussi que la pêche
du poisson avait déjà lieu à Calais. On y lit que
Simon II, abbé de Saint-Bertin, revenait de
Rome muni de plusieurs bulles favorables
qu'il avait reçues d'Alexandre III ; une entre
autres, accordait à son abbaye la dîme de la
pêche des harengs sur toute la côte maritime
du Calaisis. L'exécution y occasionna une ré-
volte : tous les pêcheurs s'étaient unis pour
en refuser le paiement. Quoique ce droit fût
confirmé par le comte de Flandre et par Philippe-Auguste, et que la dîme fût demandée
par le seigneur du territoire, elle fut constamment refusée. On raconte même qu'un vieux
matelot donna seul son adhésion à payer cette

---

1. Ordonn. des rois de France, XII, 287.

dîme à son curé, en lui observant que cet impôt devait être levé dans champ; que celui où il moissonnait et où il faisait sa récolte était la mer, et qu'il aurait soin d'y laisser le dixième de sa pêche. Les annales de Calais prouvent que les querelles à l'occasion de cette dîme ont duré entre l'abbaye et les Calaisiens jusqu'à ce que l'évêque Lambert II y eût mis fin par une transaction qui termina leur différend.

Dans le cours du douzième siècle, plusieurs donations de harengs, faites à des maisons religieuses, portent à croire que la pêche de ce poisson se pratiquait entre la Seine et l'Orne, parce que ces donations s'acquittaient à Pont-Audemer; il est également certain qu'il y avait dans le même temps une pêche de hareng auprès des îles de Jersey et de Guernesey, puisque Henri II relate dans les priviléges de la ville de Pontorson, les droits à percevoir sur les harengs frais ou salés qui passaient de là en Normandie.

Le poisson de cette pêche est désigné dans les ordonnances postérieures sous le nom de hareng de *Garnisy*. On a aussi de fortes présomptions pour croire que la pêche du hareng avait lieu sur les côtes de la Bretagne, entre la Vilaine et la Loire. Il est très-probable que le nom du village appelé en bas-breton *Penharing,* ce qui signifie tête de hareng, dérive nécessairement de quelque circonstance remarquable de la pêche de ce poisson. Quant à celle qui se pratiquait au midi de la Loire, elle est établie par différents actes. Il en est question dans les coutumes de la mer, autrement dites loi d'Oléron, publiées par Éléonore de Guienne quand Louis le Jeune l'eût répudiée à son retour de la Palestine. La date de ce règlement est de 1152. Quelques auteurs lui en donnent une plus récente; mais il est facile de démontrer que la date de 1266 est celle d'une seconde publication. Je ferai cependant remarquer qu'il s'agit plus probablement ici des très-grandes sardines ou des pilchards que l'on confond souvent avec le hareng quand elles atteignent leur plus grande taille.

Philippe-Auguste ayant réuni à la couronne la Normandie et la Picardie, le commerce des villes maritimes de ces côtes avec Paris s'accrut insensiblement, et Paris fournit ensuite aux principales villes du royaume presque toute leur provision de poisson de mer. On établit un nouveau port de décharge pour les marchandises qui remontaient la Seine. Pour subvenir aux frais de cet établissement, Philippe-Auguste octroya de nouveaux droits à la société des marchands de l'eau, et entre autres la levée de quatre sous sur chaque cargaison de harengs. Louis IX accorda une très-grande protection au commerce des poissons de mer à la faveur des ordonnances de 1250, 1254 et 1258. La seconde surtout fut un des plus grands encouragements que reçut la pêche du hareng; elle établit l'ordre et la police de la vente à observer à Paris. Il y est fait mention pour la première fois de voituriers de poisson de mer; les harengs y sont distingués en frais, en secs et en salés. Les obstacles qu'il fallut surmonter pour vivifier ce commerce entravé par la prétention des seigneurs, sur le territoire desquels il fallait passer, prouvent avec combien de zèle Louis IX s'occupa de l'améliorer. Aussi il n'y a pas eu de roi de France qui ait rendu plus d'ordonnances ou fait plus de règlements en faveur du commerce des harengs.

Un grand nombre d'aumônes faites à des monastères de cette époque se payait en harengs, et Louis IX, lui-même, fit distribuer, à une certaine occasion, aux pauvres de Paris, 60,000 harengs. Les règlements publiés par les successeurs de S. Louis améliorèrent encore le commerce dont nous parlons. Dans l'ordonnance de 1320, les harengs y sont distingués en poissons *saurs, blancs* et *frais,* et

ils doivent être vendus de plusieurs manières :
1.° en *meze*, *messe* ou *maise*, sorte de mesure
qui devait contenir 1020 harengs saurs ou
816 harengs blancs (celle d'Irlande n'en contenait alors que 500); 2.° en *tresonel* ou
tressoumel, mesure dont j'ignore la capacité;
3.° en *pignon*, équivalant à un millier de
harengs; 4.° en *caque*, *tonel* ou *quecce* (caisse).
Il paraît d'après cette ordonnance et celle
de 1350 que l'on saurissait le hareng à Paris
même. On distinguait aussi les harengs indigènes ou étrangers par un nombre assez considérable de noms qui prouvent, par conséquent,
que ce poisson était déjà l'objet de l'attention
générale. Ainsi, l'on disait les harengs de
Garnisy, de *Saffore*, *Saffaire*, de *Serne*,
d'*Escone*, de *Frainclais* ou *Franchès*, etc.
Noël de la Morinière a essayé de donner
l'étymologie de ces différents noms [1], mais elle
me paraît fort incertaine.

Il est aussi question des harengs de Flandre.
L'ordonnance de 1320 fait encore mention de
harengs poudrés, et Noël de la Morinière pense
qu'il faut entendre par cette expression le hareng
salé en wrac ou en grenier. Le commerce et la
consommation qui se faisaient à Paris de tous

---

1. Noël, Hist. des pêch.; p. 332.

ces différents harengs, acquirent une grande importance au commencement du douzième siècle. La ville de Caen partagea ces avantages. Dans un acte de 1326 on voit que Caen recevait de l'étranger les harengs que l'on appelait les *milliers*, et qui y étaient apportés en caques ou en *rondelles*, et qu'il en venait dans la saison quatre à cinq cents *last* et plus, qui se distribuaient non-seulement dans la ville, mais encore dans les pays du Maine, d'Alençon et d'Anjou. L'importation et l'exportation du hareng devenaient un objet de commerce important. Les villes du nord envoyaient à Dieppe et à Rouen le hareng salé de leur pêche, qui était ensuite réexporté dans le Levant. Les Dieppois ont été presque seuls, pendant longtemps, en possession de ce commerce. Ils obtinrent de Charles V la permission de prendre du gouverneur de Calais des sauf-conduits pour la pêche, en se soumettant à ne la faire qu'entre la Seine et la Somme jusqu'à Noël seulement. Ils payèrent pour cette permission une imposition qui fut réduite à un franc d'or pour les bateaux qui voulurent fournir un homme d'armes. Les pêcheurs de Calais ne payaient aucuns droits seigneuriaux; mais chaque bateau armé dans cette ville pour la pêche payait à la commune un droit de cinq sols *parisis* par an. Le produit du droit fut évalué, en 1347, à huit livres *parisis*, d'où il faut conclure qu'on équipait alors à Calais trente-deux bateaux pour la pêche du hareng. D'ailleurs, les bateaux qu'on employait à cette pêche dans les différents ports de la Manche, variaient pour la grandeur et étaient distingués par des noms particuliers. Les plus grands paraissent avoir été les drogueurs, très-probablement parce qu'ils étaient destinés au commerce de drogueries que les Dieppois faisaient dans les échelles du Levant. Ils étaient du port de cent tonneaux; venaient ensuite les barges (barques ou bateaux), sorte de bâtiments plus petits employés à la pêche de Yarmouth, et à celle du hareng le long de la Manche, sur les côtes de Picardie ou de Normandie. Plusieurs abus s'étant établis dans le commerce de la vente du hareng salé, Dieppe, pour se conserver tous les avantages du produit de la pêche, puisque ses bateaux en couraient tous les risques, obtint que nul bourgeois de Rouen ne pût acheter du hareng frais pour l'y faire saler à son compte, sous peine de confiscation. Pour obvier aussi à toutes les falsifications ou au mélange du hareng vieux avec les poissons nouveaux, on établit, à Paris, des jurés vendeurs publics de poisson de mer. Les ordonnances de 1350 et 1359 en portent le nombre à seize. On en établit aussi dans les grandes villes du royaume. La ville de Rouen en avait six. Le marchand forain était libre de vendre lui-même son hareng le jour du vendredi. Le droit de vente appartenait aux vendeurs publics pour tous les autres jours. Il était assez considérable, puisqu'en 1369 il était de douze deniers par livre. Mais ces règlements, faits en vue de prévenir ou de réprimer les abus sur la vente ou sur l'achat du hareng salé, furent préjudiciables à la prospérité des pêches. Les guerres de cette époque entre la France et l'Angleterre firent éprouver plusieurs vicissitudes à la pêche du hareng, et les obstacles qu'on y apporta tour à tour nuisant au commerce des deux pays, furent tantôt augmentés, tantôt levés tout à fait. Ainsi, la liberté de la pêche fut stipulée en 1385, et plus tard encore, en 1403. Le sauf-conduit de pêche accordé à cette époque présente des dispositions bienveillantes qu'il est bon de rappeler. Si, dans le traité, les fonds de station de pêche furent restreints, il fut défendu aux pêcheurs des deux nations de s'écarter au delà de la rivière de Seine et du Hâvre de Hautonne, du côté des Français. Cette défense étant commune aux deux nations ne pouvait être considérée comme vexatoire; mais en même temps qu'il est dit dans ce sauf-conduit que si, par la violence ou la contrariété des vents, ou pour éviter la poursuite de quelque pirate, les pêcheurs français se voient forcés d'entrer dans un des ports de la côte de France occupés par les Anglais, ils y trouveraient bon accueil, sûreté, et s'y fourniraient de vivres et de tous les autres objets dont ils auraient besoin. Henri IV sentait la nécessité de se concilier la bienveillance des Français et surtout de se rendre favorables les provinces maritimes, dont il convoitait la possession. Dans ce traité il n'est pas fait mention de la clôture de la pêche comme dans celui de 1383. En effet, la clôture a souvent varié, puisque tantôt elle a été fixée autour de Noël et tantôt au mois de février vers la Chandeleur.

Il faut faire attention que je ne parle ici que de la pêche de la Manche, car elle commençait autrefois à la mi-août et finissait en novembre sur les côtes de la Saintonge et de l'Aunis. La fixation de la clôture de là pêche a toujours été l'objet de nombreuses réclamations à cette époque, comme nous les avons vues reproduites de nos jours, et les pêcheurs de ce temps donnaient absolument les mêmes raisons que de notre temps. Une des plus fortes alléguées par les Dieppois et les Polletais, c'est que le hareng marsais produit un des meilleurs appâts pour la pêche des autres poissons et qu'ils en prennent quatre fois davantage avec du hareng frais que lorsqu'ils usent du poisson salé. Je rappelle ces raisons parce qu'elles prouvent d'une manière évidente le séjour et la vie sédentaire du hareng dans la Manche.

Arrivés au commencement du quinzième siècle, nous en sommes à cette époque malheureuse où les Anglais appelés en France par les partis qui la déchiraient, en occupèrent presque tout le Nord; la pêche et le commerce des harengs passèrent donc pour un temps entre leurs mains. La France, gouvernée alors par un roi faible et livré tout entier à ses plaisirs, était sur le point de devenir une conquête anglaise. Orléans était assiégée, et l'on peut rappeler ici que c'est à l'occasion de ce siége que se livra en 1429 le combat connu dans l'histoire sous le nom de *journée des harengs*, et dans lequel le duc de Bourbon fut défait en voulant s'emparer d'un convoi composé en grande partie de ces poissons salés destinés comme provision de carême pour l'armée anglaise qui faisait le siége d'Orléans. On ne peut citer rien de très-intéressant dans le cours des années de ce siècle et même du suivant. Les lois rendues à cette époque ont pour objet de dispenser de plusieurs droits onéreux ou d'en régler l'acquittement.

Les guerres fréquentes qui armèrent l'une contre l'autre, la France et l'Angleterre, rendirent notre pêche lointaine fort difficile; aussi nous voyons vers le milieu du dix-septième siècle, les Dieppois abandonner les grands droggers qu'ils y employaient et équiper des bateaux plus petits pour pêcher sur les fonds de la Manche, et surtout sur ceux de Yarmouth. Au rapport d'Asseline, auteur de la Chronique de Dieppe, cette ville comptait en 1649 cent cinquante bateaux qui firent une pêche fort avantageuse. La France étant alors en guerre avec l'Espagne, les corsaires flamands poursuivirent nos pêcheurs sur toute la mer du Nord. Pour les mettre à l'abri de leurs attaques, on eut l'idée d'embarquer des soldats et d'armer les bateaux de petits canons; mais ces précautions s'étant trouvées insuffisantes, le Gouvernement arma deux frégates qui donnèrent bientôt la chasse à tous ces corsaires. Toutefois Dieppe abandonna les expéditions de pêche à la hauteur des Shetland. Les marins de ce port essayèrent de la reprendre en 1771, mais ils l'abandonnèrent à cause du mauvais succès qu'elle eut.

Nous arrivons ainsi successivement à l'époque où Louis XIV régla, dans le temps de la prospérité de son règne, toutes les parties de l'administration du royaume et en particulier ce qui traite de la pêche, dans la grande ordonnance de 1668. Les diverses faveurs accordées dans les années précédentes furent retirées selon la nécessité des temps et modifiées jusque dans les ordonnances de 1696 et ensuite dans le dix-huitième siècle. Alors la pêche active et régularisée par les progrès de notre industrie moderne est restée telle qu'elle est décrite dans le Traité de Duhamel.

Si je me suis étendu sur tous ces nombreux documents que j'ai trouvés réunis dans les notes de Noël de la Morinière, c'est que j'ai pensé que c'étaient les meilleures preuves à donner contre plusieurs opinions adoptées comme vraies par presque tout le monde et dont l'exactitude n'est nullement fondée. Ainsi, comme je viens de le rappeler, ces nombreux règlements combattent très-fortement le système migratorial des harengs.

On attribue généralement à Guillaume de Beukelings, né à Biervliet, l'art de la salaison du hareng. Ce pêcheur hollandais mourut en

1449, et déjà deux siècles auparavant les arrêts de nos rois réglaient le commerce ou la vente du hareng salé à Paris. L'examen de l'histoire des pêches dans les autres mers de l'Europe viendra éclaircir aussi plusieurs points de l'histoire naturelle ou économique du hareng.

La pêche flamande ne peut prendre place dans une histoire des pêches, et particulièrement dans celle du hareng, que, parce qu'elle est, en quelque sorte, le berceau des pêches hollandaises. Sans cette considération, le petit nombre de bateaux et d'hommes qu'elle employait, ainsi que le peu d'importance de ses ports, justifieraient en quelque sorte l'oubli dans lequel on laisserait toutes les côtes de la Belgique. Chacun sait que la Flandre ne comprenait originairement que le territoire de Bruges. Les premiers seigneurs de ce pays avaient le titre de forestiers, et le premier d'entre eux qui reçut le titre de comte fut Baudoin, qui enleva la fille de Charles le Chauve, et l'épousa. Il obtint cependant de son beau-père le pardon de l'offense qu'il lui avait faite. Charles lui accorda tout le pays de Flandre à titre de comté, et il y joignit encore les territoires de Gand, de Courtrai, de Tournay, d'Arras et les pays circonvoisins, fort dévastés alors par les bandes d'aventuriers que l'on a confondus sous le nom de Normands. Bruges devint florissante par l'entrepôt qu'en firent les villes anséatiques; elle devint la capitale des Flandres. L'Écluse, qui était nommée, avant 1335, Læmmens-Wliet, était peu fréquentée. Ostende n'était encore qu'un village en 814; elle n'était habitée que par des pêcheurs de harengs, ainsi que Nieuport; Dunkerque n'était aussi qu'un hameau habité par des pêcheurs; Gravelines ne commença à exister que vers 1160 sous Thierry, comte de Flandre, et elle n'acquit de l'importance qu'au commencement du douzième siècle. On conçoit que la pêche du hareng commença dans toutes ces villes. La charte, accordée aux habitants de Nieuport par Philippe d'Alsace atteste, qu'en 1163, cette ville envoyait des barques ou des buyses à la pêche du hareng. Ces priviléges furent augmentés ou confirmés par ses successeurs. La pêche de Nieuport prospéra tellement, qu'on y fonda et qu'on y bâtit avec le produit de la seule dîme levée sur la pêche du hareng, les hôpitaux, les églises, etc. Nieuport devint le chef-lieu des pêches de la Flandre, le marché principal du poisson : il fut pour ces contrées ce qu'était Yarmouth pour l'Angleterre,

ou Dieppe pour la France. Mais la triste nécessité dans laquelle s'est vue la Flandre d'être
presque toujours le théâtre des guerres que
se sont faites les grandes puissances qui l'en-
tourent, a été cause de grands préjudices qu'a
éprouvés la pêche du hareng. La ville de
Nieuport, malgré les priviléges nombreux
qu'elle reçut jusque sous Philippe, archiduc
et comte de Flandre, perdit une grande partie
de son importance vers le milieu du quinzième
siècle. Un décret rendu à Bruxelles en 1509,
fit défense d'acheter en mer du hareng frais
ou autre poisson, et permit en même temps
aux pêcheurs de la côte de Flandre d'apporter
le hareng de leur pêche à Dunkerque, à Gravelines, et indifféremment à tous les autres
ports. Cette liberté augmenta beaucoup le
nombre des bateaux de pêche armés le long
des côtes de Flandre. Dunkerque n'en comptait pas moins de cinq cents. Chaque buyse
de pêche avait un filet au nombre de ceux
qu'elle mettait à la mer appelé le *filet saint*,
parce que tous les poissons qui s'y prenaient
étaient vendus au profit de l'église paroissiale.
Ce *filet saint*, à qui la dévotion de quelques
pêcheurs avait sans doute donné l'origine, et
qui n'était d'abord qu'un acte volontaire, fut
bientôt un acte obligatoire. Non-seulement les

comtes de Flandre autorisèrent cet usage, mais on finit par en faire une loi à chaque pêcheur. On faisait saurir la plus grande partie du hareng apporté à Dunkerque. Ce poisson jouissait d'une si grande réputation, que les caques exportées sous la marque de Dunkerque, ne payaient aucun droit à l'entrée des villes de Flandre. En 1550, le produit de la pêche annuelle de Dunkerque était évalué à quatre cent mille ducats. Cette prospérité dura jusqu'à la rupture entre la France et l'Empire, et malgré tous les avantages que l'empereur accorda aux différentes villes d'Ostende, de Nieuport, de Bruges, la plupart des bateaux devinrent, par suite d'une longue inaction, hors de service ; les fonds étaient épuisés, conséquence nécessaire de cent années de mauvaise fortune, on ne put les remettre en état de tenir la mer. Plusieurs compagnies essayèrent de se former ; sous l'inspiration de leurs élans patriotiques et avec la protection du gouvernement, qui alla jusqu'à exempter de toute imposition les sels qu'emploiraient les compagnies de commerce d'Ostende et de Nieuport. Les Hollandais et les Anglais, songeant de suite à leurs intérêts, voulurent empêcher les Flamands de venir pêcher dans leurs mers : ils n'épargnèrent point leurs richesses pour étouffer les compagnies flamandes dès leur naissance. Elles ne purent, en effet, soutenir la concurrence avec la pêche hollandaise, et vers 1732, la compagnie de Nieuport fut obligée de céder à l'ascendant de la politique étrangère ; les bateaux de pêche furent vendus, partie aux Dunkerquois, partie aux Hollandais ; les meilleurs marins et pêcheurs suivirent leurs bateaux, et abandonnèrent ainsi Ostende et Nieuport. La guerre de la succession acheva de ruiner, sous ce rapport, les provinces belgiques maritimes ; et si, après la paix d'Aix-la-Chapelle, l'industrie flamande fit quelques tentatives pour relever la pêche du hareng à Nieuport et à Ostende, si de nouveaux règlements furent successivement accordés en faveur de ces villes jusqu'en 1770, cette branche d'industrie ne fit que très-peu de progrès. Cet exemple est un avertissement sévère donné aux puissances qui, après avoir laissé dépérir leurs établissements de pêche, sentent la nécessité de les relever. Les hommes de mer qui y sont propres, ne se forment que lentement et par un exercice continuel.

L'émigration des pêcheurs qui avaient quitté les Flandres lors de la dissolution de la compagnie en 1727 se fit toujours sentir sur les côtes flamandes. Cependant la guerre qui

s'éleva entre la France et l'Angleterre et dans
laquelle la Hollande prit part, favorisa de
nouveau la pêche flamande. Ostende et Nieuport fournirent à leur tour des poissons salés
aux puissances belligérantes; ils introduisirent
leurs poissons dans les ports d'Angleterre et de
France. En 1782 et en 1783, l'empereur rendit
plusieurs ordonnances favorables à la pêche;
il alla même, pour encourager les pêches
nationales des Pays-Bas, jusqu'à permettre
la vente du poisson par toute sorte de gens
choisis par les patrons des barques sans être
obligés de se faire recevoir dans la corporation des pêcheurs, et il comprit le hareng
salé dans la classe des marchandises étrangères qui payeraient à l'avenir 60 pour cent
dans les États héréditaires d'Autriche. Mais
dans le cours de ces années la paix s'était
faite entre la France et l'Angleterre; ces puissances, ainsi que la Hollande, s'empressèrent
de rétablir leurs pêches, de prohiber l'importation de tous harengs étrangers, et ces mesures détruisirent bientôt toutes les espérances
des Flamands. Les bienveillantes dispositions
de Joseph II n'en purent conjurer les effets;
le commerce qui s'était fait pendant la guerre
disparut et laissa en se retirant un vide immense dans la navigation. Il faut aussi ajouter

que les pêches nationales des côtes maritimes furent aussi entravées par la jalousie des provinces du Brabant. Les villes d'Anvers, de Bruxelles et de Malines réclamaient en faveur de leurs fumeries, qu'elles disaient absolument perdues par les faveurs accordées aux provinces de Flandre. Les plaintes de ces villes déterminèrent le gouvernement à permettre l'entrée du hareng étranger. Il faut avouer que ces fumeries étaient considérables, car on en comptait soixante-sept en 1787, qui pouvaient saurir cinquante leths de harengs à la fois, ou six cent mille poissons. Peu d'années après, l'incorporation de la Belgique, à la suite des campagnes de 1793, vint arrêter de nouveau l'activité de la pêche sur les côtes maritimes et cet état de choses a duré jusqu'à la paix de 1814; depuis ce temps la pêche y a repris quelque faveur, mais l'activité du commerce anglais a nui à cette prospérité, puisque l'Angleterre fournit maintenant presque tout le hareng salé ou sauri que consomme le centre de l'Europe.

Nous avons suivi l'histoire de la pêche du hareng des côtes de France sur celles de Belgique; examinons maintenant ce que fut cette industrie en Hollande. Il faut d'abord se rappeler que dans les premiers temps, tout ce qui compose la Frise occidentale ou la Nord-Hollande était au pouvoir des Frisons occidentaux. Thierry, premier comte de Frise, donna sept comtes à la Hollande. La Zélande appartint tour à tour à des comtes de Frise ou de Flandre, et au dixième siècle la Zélande dépendait de la Flandre impériale. Les plus savants économistes hollandais ont regardé avec raison la pêche du hareng comme la première source des richesses de leur pays. Anderson estime que les premières pêches réglées de la Hollande ne remontent point au delà de 1164. On s'accorde à regarder la Brille comme le plus ancien port où l'on ait fait une pêche régulière du hareng. C'est donc un fait digne d'attention que dans ces premiers temps la pêche ne se fit point sur les côtes de la Hollande proprement dite, mais sur celles de la Zélande qui appartenait encore aux comtes de Flandre, et qui ne fut unie à la Hollande que sous Florent I.er, comte de Frise, par le traité conclu, en 1256, entre Marguerite de Flandre et lui. Zierik-sée prospéra presque en même temps que le port de la Brille, et les richesses de ces deux villes devinrent un objet d'émulation pour d'autres villes de la Hollande et de la Zélande, de sorte que la pêche du hareng, qui s'était faite d'abord à l'embouchure de la Meuse et des côtes voisines, devint trop resserrée sur ses propres rivages et elle s'étendit bientôt dans des mers plus éloignées. Le succès des pêches avantageuses faites sur les côtes d'Écosse, de Scanie, de Danemarck et de Norwége, justifia ces entreprises hardies. Les matelots hollandais ou zélandais vinrent pêcher, en 1295, à la hauteur de Yarmouth. Des documents, que Noël de la Morinière regarde comme authentiques, réfutent les assertions de Pontus Heutérus, de Delft, affirmant que les Hollandais ne s'adonnèrent à la pêche des harengs qu'en 1492. On trouverait encore d'autres preuves de l'ancienneté de la pêche du hareng, dans les diplômes de concession accordés par Éric VIII, roi de Danemarck et par ses successeurs aux villes de Deventer, de Harderwyck, de Staveren et d'Amsterdam. Outre le hareng qui provenait de la pêche hollandaise proprement dite, il en était encore importé de l'étranger, surtout des villes anséatiques. Le comte Guillaume accorda plusieurs priviléges aux pêcheurs nationaux ou étrangers par des diplômes de 1342 et de 1344. Par celui-ci il institua un marché franc pour la vente des harengs à Brouwers-haven. Amsterdam ayant obtenu un terrain considérable en Scanie, entra avec plusieurs autres villes de la Hollande dans la ligue anséatique, et elle acquit un grand degré de puissance à la faveur des priviléges que lui donna Albert, duc de Bavière et comte de Hollande.

On voit donc que dans cette période de quatre siècles la pêche hollandaise du hareng a dû son accroissement aux encouragements des souverains du pays et surtout à l'association que la plupart des villes maritimes de Hollande contractèrent avec les villes anséatiques. Ces alliances eurent pour résultat une extension considérable du commerce. En même temps la rivalité des puissances du nord contre Hambourg et Lubeck, engagea les rois de Suède et de Danemarck à favoriser les Hollandais, afin de diminuer le pouvoir de la ligue anséatique. Les faveurs accordées par ces rois aux pêcheurs et aux marchands hollandais furent le seul prétexte des guerres qui éclatèrent alors. Il est certain qu'aussitôt qu'Amsterdam eût obtenu un établissement en Scanie, elle y fonda un comptoir dont le principal objet était la pêche du hareng : elle y établit un consul, afin de protéger les achats considérables que ses commerçants faisaient sur les côtes d'Écosse et de la Grande-Bretagne, car le produit de leur pêche n'aurait pu suffire au commerce étranger. Nous verrons qu'Édouard III s'opposa à ces ventes en astreignant tous les pêcheurs anglais à venir vendre leur poisson à Yarmouth. La loi rendue par ce souverain produisit un effet tout contraire; elle servit à l'accroissement des pêches hollandaises. A peine fut-elle promulguée, que les villes maritimes mirent en mer un plus grand nombre de barques, et les Hollandais firent alors pour eux une pêche que leurs voisins refusaient de partager.

Ce besoin de pêcher dans les grandes eaux amena des changements dans la construction des bâtiments de pêche. Il en introduisit aussi dans les dimensions des filets pour pouvoir atteindre le fond de l'eau, loin de la côte, afin d'éluder la défense qui leur était faite de pêcher sur les bancs peu profonds, mais voisins, des côtes orientales d'Écosse. On prétend que les premiers grands filets furent faits à Hoorn en 1416. C'est aussi vers le même temps que Beukel, de Biervliet, trouva la méthode de paquer les harengs, c'est-à-dire de les arranger par lits dans les tonneaux, au lieu de les expédier en wracs. La supériorité de cette préparation sur toutes celles dont on faisait usage alors, fit tomber dans une sorte de discrédit tous les harengs des pêches étrangères. Insensiblement les Hollandais se rapprochèrent des côtes orientales d'Angleterre, établissant leurs flotilles de pêches sur les atterrages et sur les fonds de Yarmouth, où l'on sait qu'il existe l'un des plus riches et des plus réguliers bancs de harengs. Les Anglais élevèrent des plaintes, et c'est alors que fut fait le traité, connu sous le nom d'*intercussus,* entre le roi d'Angleterre et le duc de Bourgogne, alors souverain des Pays-Bas. Il est dit dans ce traité, conclu en 1494, *que les pêcheurs des deux nations pourront pêcher librement partout.* Il est peut-être la véritable cause de la gloire maritime que s'acquirent les Hollandais dans les deux siècles suivants. Par une conséquence naturelle le commerce écossais passa entre les mains des Hollandais. Les plus habiles pêcheurs ou apprêteurs de poisson vinrent s'établir à Enckhuysen, et en y portant leur industrie, ces Écossais accrurent la prospérité de leurs rivaux. Dans le quatorzième et dans le quinzième siècle, six à sept cents buyses faisaient ordinairement trois voyages et rapportaient un total de quarante mille last de harengs, ce qui donnait pour produit 1,470,000 florins d'or. Quoique les Hollandais fréquentassent par suite des nouveaux traités les fonds de Yarmouth, leur prudence les empêcha de négliger la pêche sur les côtes de Norwége. Ils entretinrent ou firent renouveler tous les priviléges qu'ils avaient obtenus pour la Scanie. Leur présence continuelle dans ces mers leur permit de profiter des fautes que Jacques II, roi d'Écosse, avait faites en défendant de vendre du hareng aux Hollandais et aux villes anséatiques, dans l'espérance que les autres nations seraient obligées de s'approvisionner directement par le produit des pêches écossaises. Les Hollandais profitèrent de ces entraves pour étendre leur commerce, mais en l'étendant il fallait aussi le protéger. En 1547, la seule ville d'Enckhuysen arma huit vaisseaux pour escorter ou surveiller ses barques. Le commerce y devint si florissant, qu'en 1553 elle avait en mer vingt bâtiments de guerre, dont les frais d'armement furent prélevés sur le produit de la pêche; ils devaient surveiller les cent quarante buyses qu'elle envoyait à la poursuite du hareng. En même temps qu'elles protégeaient leurs pêcheurs, les autorités de la ville les soumirent à un serment, par lequel ces marins s'engageaient de satisfaire scrupuleusement à toutes les ordonnances ou à toutes les formalités prescrites pour le barillage et le pacage du hareng. C'est

avec cette prudente activité que le commerce
des Hollandais devint en quelque sorte le premier et le plus florissant de tous les peuples
riverains de la mer du Nord. Walter-Raleigh
estime qu'en 1606 ils exportèrent pour les pays
du Nord seulement pour 1,357,000 livres
sterling de harengs. Un traité fut conclu entre
les Hollandais et les Hambourgeois, afin de
veiller avec le plus grand soin à l'observance
de toutes les instructions ou lois de pêche,
pour conserver au poisson la réputation dont
il jouissait. A cette époque les Hollandais four-
nissaient de harengs salés les quatre parties
du monde : ils en envoyaient dans tous les
royaumes d'Europe ; ils en expédiaient des
cargaisons entières pour Smyrne et Constan-
tinople ; ils approvisionnaient les contrées du
Midi par les échelles du Levant et les ports
de la Grèce et d'Alexandrie. Venise surtout
en consommait une immense quantité. Enfin
les Hollandais faisaient traverser l'Atlantique
au hareng et le portaient jusqu'au Brésil.

Nous voici arrivé au temps des grandes dis-
cussions qui s'élevèrent entre l'Angleterre et
la Hollande pour la liberté de la pêche sur
les côtes de la Grande-Bretagne. Les Anglais
voulant exiger un droit de pêche dans les
eaux voisines de leurs côtes, alléguaient que

le traité de 1494, conclu avec un prince de
la maison d'Autriche, ne pouvait plus protéger les Hollandais qui avaient renoncé à la
domination de ce prince.

Les Hollandais opposaient, de leur côté,
l'habitude consacrée par le temps de venir
pêcher sur les rivages d'Angleterre, et soute-
naient en même temps que la mer est au premier occupant. La guerre éclata bientôt, et
la Hollande, tantôt unie à la France, tantôt
séparée d'elle, fut, comme cette puissance,
soumise à toutes les vicissitudes, dont il est
inutile de retracer l'histoire en détail : cela
rentre dans l'exposition des phases historiques
des trois puissances alliées ou rivales.

Je viens de suivre, dans le cours de cet exposé, l'état de la pêche ancienne, sur les côtes
de notre pays, et sur celles des provinces maritimes de la Belgique et de la Hollande. Avant
d'entrer dans la mer du Nord et de conduire
les pêcheurs jusque sous les glaces du pôle, il
est maintenant naturel de parler de la pêche
anglaise.

Si l'on en croit les plus anciens documents,
on peut faire remonter les premières dates
certaines de la pêche anglaise du hareng au
commencement du huitième siècle. Bede[1] rap-

____

1. *Hist. eccl.*, liv. IV, ch. 14.

porte à Wilfred, évêque d'York, en 678, l'art de pêcher dans la mer; mais il est dans l'erreur. Le plus ancien règlement où le hareng soit nommé est la règle d'administration des revenus et des offices des monastères d'Evesham donnée en 709. Plusieurs chartes du onzième et du douzième siècle signalent des donations de dîmes de harengs à différents monastères de la Grande-Bretagne; elles prouvent combien à cette époque reculée la pêche du hareng y était déjà considérable. Si l'on consulte la charte de fondation du monastère de Berking, on peut en conclure que les Anglais salaient et saurissaient déjà le hareng. Ce règlement porte qu'un baril doit contenir mille harengs, et le tonneau six cents; il règle ce que chaque religieuse doit en recevoir pendant l'Avent, pendant le Carême et les autres jours d'abstinence; enfin, on connaissait alors le *Herring-Silver*, expression qui semble exprimer le paiement d'une rente d'une certaine quantité de harengs pour les provisions des maisons religieuses.

Au temps de la conquête, on voit qu'un assez grand nombre de fiefs maritimes soutenait déjà la pêche du hareng, et qu'il y avait de nombreuses salines sur les côtes de Norfolk, de Suffolk, de Sussex. Il y en avait plus de cinquante à

l'île de Wight. Dès 1030, Édouard le Confes-
seur donne à l'abbaye de Fécamp des salines
situées à Chester. Yarmouth était déjà, sous
Guillaume le Conquérant, un port considérable de pêche, et Knox[1] établit que les anciens
titres de cette époque constatent que le banc
de Yarmouth servait de rendez-vous aux pêcheurs des différentes parties de l'Angleterre,
de la France et de la Basse-Allemagne qui
venaient tous les ans faire la pêche du hareng.
Cette multitude de pêcheurs de différents
pays fit sentir bientôt le besoin de maintenir
l'ordre et de faire respecter les droits et les
propriétés de chacun. On fixa l'ouverture de
la pêche à la Saint-Michel, et la clôture à la
Saint-Martin. Le bourg de Yarmouth qui commença par n'être qu'une réunion de cabanes
construites par les pêcheurs du pays, fut gou-
verné par un magistrat, nommé par Henri Ier
en 1128. Sa redevance féodale qui lui assurait
ses droits de franchise fut fixée à dix mille
harengs. Dunwich, aujourd'hui presque dé-
truite par la mer, payait à la couronne une
redevance annuelle de vingt-quatre mille harengs. La remise ne lui en fut faite qu'en 1195
par Jean-sans-terre. Voilà à peu près les

---

1. Knox, *View of the Brit. emp.*

seuls renseignements que nous ayons sur la pêche d'Angleterre proprement dite jusqu'au douzième siècle.

On est beaucoup moins instruit sur l'histoire des premiers temps de la pêche en Écosse et en Irlande. L'Irlande, conquise par Edgard, ne fut entièrement soumise qu'en 1169 sous Henri II; mais elle est restée en quelque sorte sans commerce, sans navigation, sans pêcherie étendue jusqu'au règne de Charles II. Il fallait cependant qu'il s'y fît au douzième siècle quelque pêche de harengs, puisque Jean-sans-terre confirmant dans une charte de 1202 les donations faites à l'abbaye de Connal, compte parmi les redevances huit mesures de cinq cents harengs chacune.

On peut faire remonter la pêche écossaise beaucoup plus haut. Boèce[1] parle d'Inverlochy comme d'une ville très-considérable, où les rois d'Écosse faisaient leur résidence longtemps avant l'invasion des Pictes, et où les Espagnols et les Français venaient acheter du hareng et du saumon. Anderson prétend que, vers l'an 836, sous le règne d'Alfred, le commerce du poisson salé avait déjà une grande extension. Cet auteur établit

----

1. Boethius, *Scot. regn. descript.*, 4.

aussi que les marchands chrétiens du douzième siècle avaient des liaisons commerciales avec les Orcades, et que le poisson salé en formait un des principaux objets. Il y avait d'ailleurs, à cette époque, d'autres salines en Écosse. Une bulle du pape Luc III, relate la donation d'une saline faite au monastère d'Holmecostram. Anderson cite encore des chartes de Malcolm IV, de Guillaume, d'Alexandre II, où il est parlé de donations de salines. On pourrait citer encore plusieurs autres statuts, depuis 1148 jusqu'à 1284, dont les sages dispositions annoncent combien la pêche du hareng paraissait importante aux Écossais, puisqu'ils prenaient tant de précautions et de soins pour en assurer la réputation. Nous voyons donc la pêche du hareng protégée, et de plus en plus florissante en Angleterre et en Écosse dans le quatorzième siècle. Dans ce laps de temps, plusieurs conventions pour la police de la pêche furent conclues entre les rois d'Angleterre et de Danemarck, pour renouveler plusieurs priviléges déjà fort anciens. Vers le commencement du même siècle, plusieurs pactes furent aussi passés avec les comtes de Flandre et de Hollande. Les Anglais exigèrent toujours qu'on s'adressât à eux pour obtenir la permission de pêcher sur les côtes de leur île. Ils ne l'accordèrent souvent même que pour un an et sous la clause que les bateaux de pêche n'excéderaient jamais trente tonneaux de port, sous peine de confiscation. Souvent les rois d'Angleterre donnèrent, par amitié pour les comtes de Flandre, des escortes aux buyses flamandes, en réciprocité de celles dont les bâtiments anglais avaient quelquefois besoin. Les guerres continuelles de l'Angleterre avec la France entraînaient alors de nombreux armements maritimes. Pour montrer combien la pêche était importante et considérée sur les côtes de Suffolk ou de Norfolk, Anderson rapporte que, lors du grand armement de Richard II, en 1386, ce roi exempta du service tous les pêcheurs de harengs de Blackeney, de Cley et de toute cette côte. Ce même roi adressa une proclamation au bailli de Sainte-Hilda de Whitby, pour lui enjoindre de veiller à ce que les étrangers ne vinssent pas une seconde fois enlever, au grand préjudice des habitants, le hareng qui, en 1394, s'était montré en prodigieuse quantité sur les côtes orientales de la Grande-Bretagne, lorsque la pêche avait manqué sur presque tous les autres points de l'Europe.

L'Angleterre pêchait aussi sur les côtes de Norwége. Outre le commerce qui résultait de la pêche du hareng, on sait aussi que ce poisson salé entrait autrefois au nombre des provisions de campagne et de guerre. Ainsi, Édouard III, roi d'Angleterre, demanda entre autres munitions de bouche pour les soldats de l'armée que sa flotte allait transporter en Gascogne, une contribution de quarante last de harengs.

Les guerres que s'étaient faites Édouard III et Charles V, roi de France; celles de Richard II contre les Écossais, avaient porté quelque préjudice à la pêche du hareng. Si Henri IV lui donna quelques encouragements par les trèves de 1403 et 1404 avec les Français, et par celle de 1406 avec les Flamands, le règne guerrier de Henri V détruisit un peu les bons effets que ces trèves pacifiques avaient produits. Mais, dès le commencément de ce siècle, le pavillon de la Grande-Bretagne parcourait les côtes de la Baltique, pour y étendre le commerce de l'Angleterre, et surtout pour supplanter les villes anséatiques dans quelques-unes des places qu'elles fréquentaient. D'ailleurs, dans ces mers, ils n'étaient plus inquiétés par les courses des Français. Les pêcheurs anglais s'éloignant de la Manche, se rendaient sur les côtes de Norwége et de Danemarck, où ils avaient moins de danger à courir. Éric de Poméranie était alors sur le trône; il se plaignit au roi d'Angleterre du nombre excessif de bâtiments anglais qui couvraient les mers de ses États. Henri V écouta sa représentation, car il fit défense aux Anglais d'y pêcher à l'avenir. La proclamation de 1415 qui fut faite à cette occasion est précieuse dans le tableau des pêches de la Grande-Bretagne, car elle relate le nom de quatorze ports, aux baillis desquels elle fut adressée; ce qui prouve l'extension que les pêches avaient déjà prise dans les villes maritimes de l'Angleterre. A cette même époque une aussi grande activité se développait en Écosse. Les actes du parlement font foi que les législateurs s'occupaient avec énergie d'étendre leurs pêches nationales, en obligeant les bourgs royaux d'équiper des barques ou des flûtes de pêche pour en établir une générale autour du royaume. Un droit de quatre deniers écossais fut prélevé par une loi du parlement d'Écosse sur chaque baril dé mille harengs sauris dans le pays. Malheureusement plusieurs fautes politiques détruisirent en peu de temps l'heureuse extension que prenait ce commerce en 1429. Les villes anséatiques et celles de la Hollande achetaient tous les ans une quantité incroyable de harengs sur les côtes d'Écosse. Jacques rendit une ordonnance qui défendit de vendre le poisson en mer. Il voulut astreindre les pêcheurs à en fournir les bourgs royaux avant que les étrangers pussent s'en approvisionner. Anderson reconnaît l'inutilité de ces ordonnances, et démontre que cette jalousie des Écossais ne fut préjudiciable qu'à eux-mêmes. Les Hollandais achetaient tout le hareng frais et salé, qu'ils venaient chercher avec de gros bâtiments. Les villes de la côte d'Écosse s'enrichissaient en vendant immédiatement le produit de leurs• pêches. L'ordonnance, en changeant cet ordre de choses, n'eut d'autre effet que de ralentir l'ardeur pour la pêche. Le gouvernement essaya bien d'y remédier; car on voit qu'il exigea par des actes de 1493 que les barques de pêche fussent au moins de vingt tonneaux.

Tout bateau fournissait à la couronne une certaine quantité de poisson qui formait une partie de son revenu. Une portion de ce droit fut prise à ferme par la famille d'Argyll. Elle exerçait à ce titre une juridiction qui s'étendait depuis le Firth de Pentland jusqu'au Mull de Galloway, et comprenait ce qu'on appelle la pêche des Hébrides[1]. A cette époque les

---

1. Knox, *View of the Brit. emp.*, 214.

pêcheurs anglais trouvant plus d'économie à acheter des Hollandais la plus grande partie de leur poisson, faisaient une pêche fort courte et ne mettaient en mer qu'un bien petit nombre de barques. Les ordonnances d'Édouard IV en 1482 et de Henri VII en 1496, furent rendues pour régler le barillage du hareng, mais il est probable que les troubles intérieurs qui désolèrent alors la Grande-Bretagne, suspendirent l'exécution des projets qu'avaient fait naître les besoins de l'économie maritime. Il est certain qu'à cette époque la pêche anglaise était peu active, et cependant il s'écoule de longs intervalles entre les actes publics émanés du gouvernement. Henri VIII est obligé de promulguer un acte du parlement en 1542, où il est formellement énoncé que les Anglais avaient contracté la mauvaise habitude de se mettre en mer sans filet, et d'aller directement acheter du poisson frais à bord des bâtiments flamands ou français. Mais à partir de cette époque jusqu'en 1555, les règlements se succédèrent pour remédier aux abus qui se passaient, surtout à Yarmouth. Les moyens ne paraissant pas encore assez coercitifs, la religion fut appelée à l'aide de la politique, ainsi que le prouvent les statuts d'Édouard VI, qui se plaint de ce qu'on violait l'abstinence de la chair, et qui ajoutait qu'en prescrivant de faire maigre les jours ordonnés par l'Église, il se ferait une plus grande consommation de poisson, ce qui donnerait plus d'activité à la pêche. Cette pensée fut si bien celle des rois d'Angleterre, qu'Élisabeth s'avisa d'établir un carême politique. Le but ostensible était la conservation des bestiaux; mais le véritable était d'augmenter le nombre des hommes de mer, afin de s'assurer une marine. D'ailleurs les écrivains anglais se plaignent qu'à cette époque la pêche était presque tout entière entre les mains des étrangers.

Les Hollandais, à la faveur d'anciens traités, venaient toujours dérober aux côtes d'Angleterre la meilleure partie du poisson, tandis que les Espagnols, en vertu de quelques concessions obtenues de la reine Marie par Philippe II, épuisaient les côtes septentrionales de l'Irlande et les environs de Jersey et de Guernesey.

Les divers règlements prohibitifs, publiés dans le cours des deux siècles précédents, n'avaient pas eu le succès que les souverains de l'Écosse s'en étaient promis. Jacques V fit, dans les Hébrides et le long des côtes montueuses de l'ouest, un voyage qui prépara les mesures employées par son successeur. Campbeltown, Inverloch et Hornoway dans l'île de Léwis, furent désignés comme trois points de réunion ou de centre offerts à l'industrie de ces contrées. Des priviléges leur furent accordés, et pour obtenir avec plus de certitude des résultats avantageux, on résolut d'envoyer dans le dernier endroit une colonie tirée des cantons de l'Écosse où la pêche était le plus en vigueur; mais ces établissements ne réussirent pas. On conçoit que l'état politique de l'Angleterre et de l'Écosse à cette époque, donnait aux gouvernants des préoccupations d'un ordre tout différent. Il n'a pas encore été question dans cette esquisse des îles voisines de l'Écosse, c'est-à-dire, des Shetland et des Orcades au nord, et des Hébrides à l'ouest. Les rois de Danemarck, à qui ces îles avaient longtemps appartenu, disputaient souvent aux Écossais le droit de pêche; il ne leur fut concédé que par Christiern I.ᵉʳ, en faveur du mariage de sa fille Marguerite avec Jacques III en 1468. Quant aux Hébrides, on les considérait à peine comme une dépendance de l'Écosse, puisqu'en 1602 Jacques I.ᵉʳ, roi d'Écosse, les abandonnait à celui qui pourrait en faire la conquête. Ce prince, néanmoins, dans les années qui suivirent, fit plusieurs tentatives pour y encourager la pêche du hareng, et introduire dans ce pays le seul commerce qui semble devoir s'y faire. N'étant encore que roi d'Écosse, Jacques avait obligé les Hollandais de ne s'approcher de la côte qu'à la distance de huit milles, afin, dit le statut, que les filets ne vinssent point barrer la route que le poisson était censé tenir. Monté sur le trône d'Angleterre, il interdit aux étrangers la pêche dans la mer des trois royaumes; il établit des commissaires à Londres et à Édimbourg, afin de n'accorder aux étrangers la liberté de pêche qu'à la condition de payer annuellement un certain droit. Ce règlement était principalement contraire aux Hollandais, quoique, d'après Rymer, il ait été rendu comme une juste représaille exercée contre les Danois, qui inquiétaient les pêcheurs anglais lorsqu'ils les rencontraient en mer. Les Hollandais dissimulèrent le chagrin que leur causaient de pareils règlements; ils firent semblant de s'y soumettre de bonne grâce, afin de ne pas interrompre des négociations bien plus importantes, et dont le résultat fut deux traités d'alliance. En 1612, le parlement d'Écosse publia un acte concernant le paquage et l'exportation du hareng, avec défense d'en faire aucun envoi à l'étranger avant le vingt-neuf septembre, sous peine de confiscation du poisson et des bâtiments. Charles I.er crut avoir trouvé des moyens plus efficaces que ses prédécesseurs pour étendre les pêches nationales d'Angleterre. Il forma des compagnies qui devaient s'occuper exclusivement de la pêche. Pour encourager ces établissements, il ordonna, en 1633, que l'on observât plus strictement les lois relatives au carême; il défendit l'importation du poisson pêché par les étrangers, et enfin il convint avec les compagnies d'acheter quelques munitions navales et le poisson nécessaire à l'entretien des équipages de la marine royale. En 1636 il réitéra aux Hollandais la défense de pêcher dans les mers de la Grande-Bretagne, et tandis que les publicistes des deux nations, Selden et Grotius, disputaient dans leurs écrits sur la souveraineté des mers, Charles arma une flotte puissante avec laquelle l'amiral comte de Northumberland surprit les Hollandais sur les côtes d'Angleterre, en coula plusieurs à fond, et força les autres à venir dans les ports de la Grande-Bretagne signer le consentement de payer à l'avenir une somme de 30,000 florins pour la jouissance du droit de pêche. Cette convention fut ratifiée par les Provinces-Unies. Mais peu de temps après, les établisse-

ments de la compagnie anglaise se réduisirent
à rien par le désavantage de la concurrence
qu'éprouvèrent, dans les villes maritimes du
nord de l'Allemagne, les harengs d'Angleterre
contre ceux de Hollande. Plusieurs vices in-
hérents aux statuts de la compagnie contri-
buèrent aussi à leur décadence. Le roi ordonna,
en 1639, d'examiner de quelle somme les capitaux étaient diminués, et de chercher les
moyens de relever une compagnie sur une
base plus solide. C'est ce qu'on crut avoir
trouvé en 1641, en formant une association
qui obtint une exemption du droit sur le sel
et les objets d'équipement de pêche employés
pour son exploitation. Simon Smith[1], agent
de la pêche royale, a conservé un document
du temps où se trouvent indiquées les proportions nécessaires à donner aux buyses de pêche, la nature et le prix de leur équipement,
leur entretien et celui de leurs matelots. Il y
a aussi de bonnes observations sur la manière
de pêcher en pleine mer, et sur le commerce
de l'Europe. Charles I.er se déclara protecteur
de cette nouvelle compagnie, et les personnages de la plus haute distinction s'empressèrent de s'y faire incorporer. On fit payer

---

[1]. Smith, *Acount of the herring fish.*, 1641.

aux Hollandais le droit de pêche sur les côtes des Orcades, mais toutes les espérances des intéressés furent bientôt anéanties par suite des guerres civiles qui désolèrent l'Angleterre et qui finirent par la mort de Charles I.er

Les Hollandais profitèrent habilement des troubles intérieurs de l'Angleterre jusqu'à la mort de Charles I.er Ils molestèrent non-seulement les pêcheurs anglais, mais ils payèrent avec inexactitude le tribut annuel auquel ils avaient consenti pour jouir de la permission de pêche. Les armateurs d'Yarmouth, de Blachney, de Southwald, demandèrent des convois pour leurs pêcheurs ; non-seulement il leur fut accordé des bâtiments de guerre, mais Cromwel, excité par bien d'autres motifs, déclara la guerre aux Hollandais. Blacke, un des plus grands hommes de mer de l'Angleterre, attaqua, le 24 juillet 1652, les barques hollandaises qui se rendaient à la station de pêche sous une escorte de douze bâtiments de guerre; il s'en empara ainsi que de deux cents voiles du convoi, ce qui faisait à peu près le tiers de la flottille. Ceux qui lui payèrent le dixième de leur cargaison furent renvoyés; mais il coula bas ceux qui refusèrent. L'action avait eu lieu à la hauteur des Orcades; Blacke revenait le long de la côte orientale d'Écosse ramenant avec lui ses prises en triomphe, lorsqu'il rencontra une escadre hollandaise commandée par Tromp, bien résolu à lui disputer le passage. Une horrible tempête s'éleva, sépara les flottes ennemies, forçant les Anglais à gagner les Dunes et les Hollandais le Texel.

C'est dans le cours de cette guerre que plusieurs familles hollandaises furent expulsées de Stornoway, à cause des pêcheries qu'elles avaient établies dans l'île de Léwis. Leur exemple cependant produisit un bon effet sur les habitants, qui ont plus amélioré leurs pêcheries et étendu leur commerce que tout le reste des montagnards ; mais la conduite du protecteur paralysa bientôt toute l'énergie des habitants et rendit inutiles les efforts d'une compagnie nouvelle formée à Londres en 1654, et qui était composée de tout ce que cette ville avait de plus distingué. Cromwel avait fait détruire l'ancien fort de Stornoway ; mais il en éleva un nouveau, croyant ainsi contenir les habitants qu'il savait affectionner la famille des Stuart. Des troubles en furent la conséquence ; la garnison fut égorgée ; les désordres qui suivirent ne permirent pas à la compagnie de faire de Stornoway la principale place de leur établissement de pêche, ainsi qu'ils l'avaient projeté, et tous les plans que la compagnie avaient conçus, s'évanouirent presque aussitôt. Après la mort de Cromwel, Charles II, le duc d'York, lord Clarendon, et plusieurs personnages de la première noblesse d'Angleterre formèrent, en 1661, un conseil de pêche dont le roi se déclara protecteur.

Un bill confirma toutes les lettres-patentes données sur la pêche ; il fut en quelque sorte provoqué par le corps des poissonniers de Londres, qui avaient demandé qu'on remît en vigueur les anciennes lois favorables aux pêcheurs, parce que ceux-ci étaient en fait la principale force de la marine. Deux ans après fut rendu un acte concernant la marque et le paquage du hareng. Aux personnes qui composaient le conseil de pêche on adjoignit plusieurs négociants ou armateurs qui constituèrent une corporation politique sous le nom de compagnie royale de la pêche d'Angleterre.

Pour encourager cette association, les parlements rendirent plusieurs bills tendant à lui accorder des priviléges très-amples ; la compagnie obtint la permission d'établir une loterie et de faire recueillir une contribution volontaire dans toutes les paroisses. On obligea tous ceux qui tenaient auberge, hôtel garni, taverne, etc., de prendre un ou deux barils de harengs pour leur consommation, à raison de 3o schellings par baril.

La compagnie fut autorisée à percevoir 2 schellings 6 deniers par baril de poisson importé des pays étrangers en Angleterre.

Enfin, par un acte de 1669, on annexa à la couronne les îles Orcades, et on y attira une seconde fois quelques familles hollandaises. Les harengs salés par cette compagnie obtinrent bientôt une juste réputation et ils trouvèrent dans les différents marchés de la Grande-Bretagne et de l'Europe un débouché satisfaisant. En 1671, le roi, accompagné du duc d'York fit un voyage à Yarmouth ; la compagnie lui présenta par reconnaissance quatre harengs d'or ciselés et enchaînés pour faire allusion aux richesses que produisait la pêche de ce poisson. Mais tous les avantages qu'on s'était promis eurent encore le même sort pour cette compagnie que pour les précédentes. Charles II se trouva dans la nécessité de retirer la perception des droits qu'il lui avait accordés ; les intéressés en conçurent des inquiétudes et il s'ensuivit bientôt la dissòlution totale de la compagnie.

De nouvelles tentatives eurent lieu en 1677. Aux priviléges dont avaient joui toutes les compagnies précédentes, on lui accorda la concession d'une gratification de vingt livres sterling pour chaque buyse ou drogger de pêche équipée et mise dehors pour le hareng. La somme était prise sur les droits de douane perçus à Londres. Le fond principal de cette compagnie fut d'abord de dix à douze mille livres sterling. Ce petit capital fut bientôt épuisé par achats de bâtiments et de filets. On avait fait bâtir en Hollande sept barques de pêche qui devaient être montées par des Hollandais. Comme à cette époque la France était en guerre avec les Provinces-Unies, six de ces barques furent prises tout équipées, et quoique le patriotisme anglais eût fait une seconde souscription de soixante mille livres sterling, la mort du roi et l'état politique du royaume amenèrent bientôt la décadence des affaires de la compagnie qui fut forcée d'abandonner l'entreprise et de se dissoudre.

Sous le dernier règne et jusqu'à la mort de Charles II, la pêche du hareng sur les côtes d'Écosse avait été principalement exploitée par les habitants de Glasgow, d'Air et de Dumbarton. A la dissolution de la compagnie en 1682, les magistrats et le conseil de Glasgow achetèrent les bâtiments construits pour la pêche du hareng dans la baie de Greenock. Glasgow continua par cette acquisition la pêche du Clyde avec zèle, persévérance et succès. Des barques, construites exprès, portaient quatre hommes et trente-quatre pièces de filets, longs de six brasses et larges d'une brasse et demie. On en équipa jusqu'à neuf cents, et comme elles n'étaient point soumises aux gênes des douanes, elles faisaient trois voyages par saison, depuis le 25 juillet jusqu'au 25 décembre de chaque année. Glasgow put remplir aisément les demandes de la basse Allemagne, de la Suède et de la France; elle fut la seule ville d'Écosse à qui l'élévation ou la chute des compagnies privilégiées pour la pêche ait causé le moins de préjudice. Une nouvelle association se forma à Londres sous Jacques II. Les fonds furent portés depuis la révolution de 1688 de trente mille livres sterling à trois cent mille. On donna la plus grandè publicité aux différents actes qui concernaient la compagnie, en faisant afficher dans les places de Londres et de Westminster les lettres-patentes ou les statuts qui concernaient la compagnie. Mais les guerres qui suivirent, et sans doute aussi l'extrême partialité que Guillaume témoignait aux Hollandais, entraînèrent la ruine de ce nouvel établissement. L'union définitive de l'Écosse et de l'Angleterre eut aussi des conséquences funestes au succès des pêches du premier de ces royaumes. L'Écosse soumise aux mêmes droits d'importation ou d'exportation que l'Angleterre, se vit fermer la plupart des marchés de l'Europe et surtout ceux de France. Les comtés maritimes de Fife et de Lothian, couverts autrefois de villes populeuses, à peine relevés des maux que Cromwel leur avait fait subir, virent s'anéantir par degrés les restes de ces nombreuses familles d'hommes de mer qui avaient acquis tant de réputation dans la pêche ou dans le commerce du hareng. Sous la reine Anne, la compagnie précédemment dissoute essaya de se réunir de nouveau; le parlement voulait donner des encouragements à la pêche indigène au moment où venait de se former la grande compagnie de pêche de la mer du Sud.

Un bill permit à cette compagnie de distraire, avec l'agrément de la reine, vingt schellings par cent livres sterling de son capital, et d'en former un fonds employé à la pêche côtière. Un autre acte du parlement soumit à de nouvelles impositions le hareng salé exporté par les Écossais. Le successeur de la reine Anne, George I.er, suivit les principes d'économie politique de cette princesse; il encouragea surtout les pêches d'Écosse en leur accordant des primes. Un bill supprima la taxe à lever sur le sel destiné à saler les harengs blancs, en la transportant sur les harengs salés. Un autre bill confirma toutes les lois relatives à la pêche, et régla la perception des taxes à élever sur le sel.

Au nombre des encouragements particuliers que reçut l'Écosse, Anderson, dans ses ouvrages sur le commerce, cite que les biens confisqués sur les rebelles en 1715, furent mis à la disposition de commissaires nommés pour améliorer ces différentes branches d'utilité générale. Le grand mouvement que les fonds publics reçurent, en 1720, des actions de la compagnie de la mer du Sud, réagit sur celle de la pêche britannique du hareng. Les fonds qu'on destina à l'exécution de ces vastes desseins, la qualité des actionnaires qui s'y engagèrent par leurs souscriptions et la grandeur de projets qui n'allait pas à moins que ruiner le commerce de toutes les autres nations, firent croire qu'elle s'établissait sur des fondements plus solides que tant d'autres qui paraissaient s'élever en même temps; mais il ne faut voir dans tout cela que le résultat d'une jalousie contre la compagnie de la pêche française des Indes, dont le crédit devenait très-florissant. Les fonds de la nouvelle compagnie, fixés à 3oo,ooo livres sterling, eurent pour premiers souscripteurs cent cinquante membres de la chambre des communes. On s'adressa au Roi pour obtenir des lettres-patentes et en recevoir une charte d'établissement, dont l'expédition parut d'autant plus facile, que l'entreprise avait été agréée par les communes assemblées en comité. La requête fut rédigée . en treize articles très-détaillés ; la compagnie se proposait aussi de faire la pêche de la baleine au Grœnland, et d'épargner par là plus de deux cent mille livres sterling qu'elle payait par an aux Hollandais pour l'huile et les fanons de ces cétacés. Les Anglais acquirent de Hambourg le droit d'y vendre aux mêmes conditions que les Hollandais, le hareng et toute sorte de poissons secs et salés. Cette compagnie, cependant, tomba comme tant d'autres, peu d'années après son établissement. Cependant, sans être rebutée par l'exemple des compagnies précédentes, une autre compagnie se forma, en 1749, sous le nom de *Society of the free British Fishery*. Les dix-sept articles de sa constitution parurent devoir parer aux inconvénients qui avaient fait échouer les compagnies précédentes. On y régla surtout la quantité de sel que devait avoir à bord les bâtiments de pêche ; elle fut fixée à douze boisseaux pour chaque leth de poisson que pourrait contenir le bâtiment. Il devait y avoir une certaine quantité de filets, cent pièces au moins, propres à la pêche du hareng, pour un bâtiment au-dessus du port de soixante-dix tonneaux, etc. Aussitôt que les Hollandais eurent connaissance de la société de pêche anglaise, ils défendirent à tout matelot-pêcheur de prendre du service en Angleterre. Ils essayèrent d'étendre ces défenses aux matelots danois de naissance, employés chez eux depuis longtemps dans les pêches, et possédant l'art d'apprêter, de saler ou de paquer le hareng. Les flibots de la compagnie de Londres firent leur essai aux îles Shetland. Les succès de la pêche surpassèrent l'attente qu'on en avait conçue. Le prince de Galles accepta, en 1750, le titre de chef de la compagnie des pêcheurs. Dans une assemblée tenue le 18 novembre de cette année, il fut résolu que les capitaux seraient portés à cinq cent mille livres sterling. La pêche faite sur les côtes d'Argyll encouragea tellement la compagnie, que plus de 500 flibots furent employés dans la baie de Harloch. D'un autre côté, la pêche dans l'Océan germanique fut heureuse aux Shetland, et les flibots la continuèrent sur la côte d'Yarmouth et vinrent désarmer dans la Tamise. En 1752 ce nombre des barques fut considérablement augmenté, tellement que la compagnie chercha d'engager à son service les enfants trouvés des hôpitaux d'Angleterre; elle devait les occuper l'été à pêcher, et l'hiver à travailler aux filets. Mais cette même année, la vingt-sixième du règne de George II, on fut obligé d'interpréter les statuts précédents et d'y apporter quelques changements.

D'un autre côté, la compagnie fit de nouvelles demandes pour changer le lieu des stations ou de réunion, pour avoir des filets de cinq brasses de chute, cette largeur s'accordant mieux avec la profondeur des eaux sur les fonds d'Yarmouth. Les filets de sept brasses ne conviennent que pour la pêche sur les fonds des Shetland. Toutes ces demandes leur furent accordées. En 1753, la compagnie prit à son service quatre cents hommes des îles d'Orckney; elle avait alors en mer près de mille flibots, qui s'étaient rendus principalement dans le golfe du Clyde.

A l'époque de l'augmentation des fonds de la compagnie, les lords-régents, à qui on avait présenté la liste des personnes qui devaient en être les chefs, en exclurent, par une partialité fort condamnable, un grand nombre d'Écossais. L'aigreur que ceux-ci en conçurent augmenta encore quand ils virent cette affluence si considérable des flibots anglais sur les côtes d'Écosse. Les pêcheurs écossais eurent la disgrâce de voir que les gratifications sur lesquelles ils avaient compté leur étaient refusées, tandis que les pêcheurs anglais étaient payés sans retard. L'Écosse éprouva encore un autre préjudice, quand la gratification fut réduite à trente schellings par tonneau : aussi les registres des douanes montrent-ils que, de 1765 à 1772, le nombre des bateaux diminua de trente-trois à neuf. On gêna encore les pêcheurs pour recevoir leur gratification diminuée en les forçant de se rendre à Edimbourg, malgré un éloignement souvent de deux cent cinquante milles. Il résulta de là que les différentes compagnies écossaises abandonnèrent leurs entreprises. Les bourgs royaux de ce pays se plaignirent des entraves qu'éprouvait chez eux la pêche du hareng depuis les derniers règlements. Ils remontrèrent que les nouvelles méthodes prescrites par les lois dernièrement promulguées rendaient la pêche plus difficile; souvent même impraticable dans quelques endroits. Ils prièrent donc que les lois fussent corrigées, afin de rendre les pêches écossaises plus avantageuses.

En Angleterre, au contraire, les succès de la pêche du Clyde échauffèrent tellement le zèle des intéressés qu'ils voulaient établir une nouvelle compagnie de pêche à Southwold. Cependant, la compagnie de Londres n'employa pas, en 1754, autant de flibots que dans l'année précédente. Les difficultés qui s'élevèrent entre les Français et les Anglais, et qui changèrent la face politique des intérêts de ces deux nations, ne furent pas étrangères à cette diminution. On augmenta cependant de l'espace de trois ans la prime de trois pour cent sur les capitaux employés par la compagnie de pêche. Plusieurs autres priviléges furent aussi accordés dans ce même acte du parlement. En 1756, la compagnie obtint une gratification de cinquante schellings par tonneau de harengs importés, payables cependant après un prélèvement de six deniers par mois en faveur de l'hôpital de Greenwich. Il fut, par cet acte, apporté de nouvelles modifications aux statuts accordés en 1749. Il fut permis à la société et aux personnes employées dans la pêche du hareng d'avoir tels filets qu'elles voudraient, sans être obligé de se conformer aux dimensions prescrites dans les statuts antérieurs. On put se servir pour encaquer les harengs de tels barils que la so-

société britannique voudrait admettre d'employer à son usage. Enfin, on concéda un espace de cent verges sur la grève, pour y faire sécher des filets. Malgré tous ces encouragements, l'entreprise de cette société n'a pas eu, à beaucoup près, les bons effets qu'on s'en était promis. La guerre entre la France et l'Angleterre vint détruire ses espérances; elle n'aurait d'ailleurs pu subsister longtemps de ses propres forces, les dépenses considérables dans lesquelles l'avaient entraîné ses immenses armements, absorbaient tous ses profits. On voit d'ailleurs, par les journaux du temps, que beaucoup de personnes commençaient à désapprouver cette obstination à établir des compagnies en quelque sorte éphémères. Il faut cependant l'avouer, tant que la gratification accordée par le gouvernement fut bien payée, les spéculations de la compagnie de la pêche maritime furent couronnées de succès. On vit s'accroître avec une rapidité étonnante le nombre des barques, la grandeur des filets et des autres équipements de pêche, ainsi que celui d'hommes vigoureux, également propres à pêcher et à préparer le poisson, comme à s'exposer aux dangers de la mer dans toutes les saisons. L'indigent embrassait avec empressement une profession dont les gratifications nationales augmentaient les bénéfices. Mais cet état de prospérité changea vers 1766.

Le projet des Anglais de s'attribuer exclusivement la pêche du hareng, a été très-justement critiqué, et la meilleure preuve de la justesse de ces critiques se trouve dans la comparaison du nombre total des buyses armées dans les principaux ports de l'Écosse occidentale, comparé entre les années 1776 et 1783. De deux cent quatre-vingt-quatorze barques, nombre équipé dans la première époque, on n'en compte plus dans la seconde que cent quatre.

En présentant successivement le tableau des différentes sociétés de pêche, nous n'avons encore rien dit de l'Irlande. C'est que ce malheureux pays ne parut sur la scène qu'en 1750. A cette époque, un nombre considérable de nobles, d'évêques, formèrent une association sous le titre de Société de Dublin, pour l'encouragement de l'agriculture et des arts utiles. Mais les pêcheries ne furent aidées que les dernières, et les primes furent si faibles que les pêches de ce royaume furent à cette époque très-peu encouragées. L'île de Man est cependant un célèbre rendez-vous de grands bancs, car elle exporta en une seule année du siècle dernier jusqu'à 20,000 barils de harengs.

On peut conclure de cet exposé des pêches d'Angleterre, que cette industrie y a été de tout temps l'objet des encouragements et de la sollicitude de tous les gouvernements, et qu'à mesure qu'un gouvernement plus régulier et plus libéral est venu diriger les affaires du pays, des sommes de plus en plus considérables ont été constamment mises en action pour favoriser cette ressource plus importante par le nombre d'hommes de mer qu'elle fournit à l'Angleterre, que par la régularité des bénéfices que la pêche a pu produire.

Nous avons dit au commencement du chapitre précédent, que nous avancerions le long des côtes de la mer Germanique, après avoir examiné l'état des pêches anciennes d'Angleterre.

On sait que c'est vers 1241 que se forma la confédération de plusieurs villes de commerce dans la basse Allemagne sous le nom de ligue anséatique. Lubeck, Hambourg et Brême furent les premières qui s'unirent ensemble, et la prospérité de leur commerce, le degré de puissance où elles parvinrent èn peu de temps, l'influence qu'elles eurent durant trois siècles dans les affaires du Nord, attirèrent bientôt un grand nombre d'autres villes dans leur alliance. Lubeck, en 1180,

jouissait presque seule des avantages de la
pêche du hareng autour de l'île de Rugen. Le
commerce de harengs salés que Lubeck trans-
portait dans toute l'Allemagne pour y satisfaire aux besoins des nombreux monastères;
celui du sel, non moins considérable, et l'établissement de ses comptoirs en Scanie, assurèrent en peu de temps la richesse et la puissance de cette ville. Hambourg, bâtie par
Charlemagne pour arrêter les courses des
Danois, n'était alors guère moins considérable que Lubeck; elle obtint d'abord de
Canut VI, roi de Danemarck, puis plus tard
d'Éric VI, de grands priviléges pour pêcher et
commercer en Scanie. Elle fut autorisée à y
construire des baraques, des magasins destinés
à servir aux pêcheurs tant que durerait la foire
des harengs (*Häringsmesse*). Plus tard, d'autres villes sollicitèrent et obtinrent la même
faveur, de sorte que dans le quatorzième siècle
presque toutes les villes de la basse Allemagne
possédaient un petit terrain en Scanie. Brême
s'établit vers le même temps sur les côtes de
Norwége pour la pêche du hareng, et l'on
voit, par des chartes octroyées par Éric II et
par Haquin, que les autres pêcheurs de la
basse Allemagne qui se rendaient sur les côtes
de Norwége, y étaient moins favorablement

accueillis que ceux de Brême. Pendant ce temps, la fortune sembla toujours favorable aux villes anséatiques. A la suite des guerres heureuses qu'elles soutinrent contre les rois des provinces septentrionales, elles finirent par s'approprier toute la pêche de Scanie dont elles voulaient exclure les Hollandais. Mais comme il n'arrive que trop souvent, la ligue anséatique si formidable, trouva sa perte dans sa victoire. Les négociants, trop occupés à faire la guerre, oublièrent la pêche et le commerce. Plusieurs villes se séparèrent elles-mêmes de la ligue et consommèrent en partie sa dissolution. Ce qui nous intéresse seulement relativement à l'ancienneté de la pêche, c'est que Willebrand parle de la défense d'acheter le hareng avant qu'il soit sorti de l'eau. Ses expressions paraissent indiquer le hareng de la Baltique; on peut donc conclure qu'au commencement du quinzième siècle les pêcheurs de la Hanse, exclus de la Scanie par Éric, s'étaient vus forcés d'aller pêcher sur des fonds plus éloignés dans la Baltique.

La pêche danoise remonte avec certitude au milieu du dixième siècle. On trouve, dans les Annales du temps, qu'en 960 une grande famine s'étant fait sentir en Norwége, de nombreux radeaux de harengs apparurent sur la

côte et suppléèrent aux besoins du peuple.
On voit aussi que vers le même temps la
pêche du hareng avait lieu dans la saison du
printemps. Un de ces aventuriers du Nord,
qui firent des établissements dans le Grœnland et dans l'Islande, Évind, se transporta
dans une baie de cette île où venaient frayer
des bancs de harengs dont il fit une pêche
très-abondante. Mais nous ne trouvons plus
de documents certains sur l'importance de la
pêche en Scanie que dans le treizième siècle.
De Helmold, l'un des continuateurs de la
Chronique slavonne, ne craint pas de vanter
la richesse que la pêche procurait aux Danois,
en disant qu'habillés autrefois comme de simples matelots, les Danois aujourd'hui sont
vêtus d'écarlate et de pourpre, car ils regor-
gent de richesses, produits de leur pêche
annuelle, de sorte que les marchands de toutes
les nations viennent leur apporter leur or, leur
argent et leurs denrées les plus précieuses pour
acheter en retour le hareng que la Providence
divine donne si libéralement aux Danois.

Éric VI commença son règne par soutenir
une guerre sanglante à laquelle la pêche du
hareng donna lieu. Ayant inquiété, en 1242,
les pêcheurs de Lubeck et retenu prisonniers
quelques-uns des leurs, la cité résolut d'en

tirer vengeance, avec le secours de quelques
autres villes maritimes. Leurs troupes vinrent
attaquer Copenhague, l'emportèrent d'assaut,
rasèrent la forteresse et ne se rembarquèrent
qu'après avoir chargé leurs vaisseaux des
nombreuses richesses qu'ils purent enlever.
L'Islande, comme on le sait, fut réunie au Danemarck dans le treizième siècle. Il est question du hareng dans une des odes mytholo-
giques de l'Edda, et l'on peut remarquer que
dans les noms de plusieurs des montagnes de
ce pays, le mot *sild* (hareng), entre dans
leur composition. Il est d'ailleurs naturel que
la pêche d'un poisson aussi abondant et aussi
commun dans les mers du nord, ait excité
dans tous les temps l'industrie des popula-
tions. Aussi l'on peut lire dans les Mémoires
de l'Académie des inscriptions [1], tout ce que
la pêche de ce poisson offrait de surprenant
et de merveilleux à Philippe de Mézières, qui
en rendait compte à Charles VI, roi de France.
Sous Waldemar IV, en 1368, de nouvelles
défenses faites aux Danois dans le but d'inter-
dire toute relation commerciale avec les villes
de la confédération, excitèrent l'irritation des
villes de la ligue anséatique. De l'irritation

---

1. Tome XVI, p. 225.

on passa aux menaces, et dans une assemblée
générale tenue à Lubeck, on arrêta d'aller en
force pêcher et saler le hareng en Scanie,
malgré les défenses du roi de Danemarck. Les
villes ne s'arrêtèrent pas à cette seule décision;
elles firent alliance avec le roi de Suède en
y joignant les ducs de Holstein et du Meck-
lembourg. On assura à ces derniers une partie
du Danemarck, et on promit au roi Albert
de Suède les trois provinces danoises limi-
trophes de son royaume, c'est-à-dire, la
Scanie, le Halland et le Blecking. Les villes
devaient jouir, en retour, de la franchise et
de priviléges particuliers dans les ports des
deux royaumes. On leur assurait que le last
de harengs ne paierait que vingt deniers de
Scanie pour tout droit; que le hareng qui
passerait par le Sund n'en paierait aucun;
que le bâtiment acquitterait seulement un
droit d'onze schellings. Après ces conventions,
les hostilités commencèrent en 1369, et le
succès de la guerre se déclara tellement en
faveur des villes anséatiques, qu'elles prirent
au Danemarck les villes de Copenhague,
d'Helsingœr, Falsterbo, etc. L'année suivante, un traité de paix fut conclu à Stral-
sund. Waldemar mourut en 1375. Il avait
marié sa fille Marguerite à Haquin, roi de

Norwége, en 1363; Olaüs, leur fils, fut pro-
clamé son successeur. Il réunit ainsi les deux
couronnes de Norwége et de Danemarck
avec les îles dépendantes à cette époque du
premier de ces royaumes, c'est-à-dire de l'Islande, des Orcades, des îles Feroë et même
dés Hébrides et de l'île de Man. Cet événement, qui pouvait changer toute la face politique de l'Europe septentrionale, détruire
l'influence et même le pouvoir, des villes anséatiques, fut amené en grande partie par la
prudence de Marguerite. Olaüs, possesseur
de la Norwége et du Danemarck, passa en
Scanie, en 1385, avec Marguerite, sa mère. Il
confirma, dans cette tournée, les droits que
les pêcheurs et les marchands avaient de ba-
raquer, pour la pêche du hareng, sur les côtes
de Scanie, où ils possédaient aussi des maisons religieuses, car le couvent d'Ebbleholt
fut confirmé par le roi Olaüs. Ce jeune prince
mourut deux ans après; sa mère, Marguerite,
lui succéda. Sous son règne, le Danemarck
commença à se reposer; le calme dont jouirent
à cette époque les peuples du Nord ne fût
interrompu que par la guerre des pirates qui
infestaient la Baltique et le Cattegat, et que
les villes de la ligue anséatique terminèrent
avec leurs propres forces. Nous ne voyons dans

les siècles suivants d'autre acte remarquable concernant la pêche du hareng, qu'un règlement fort détaillé relativement à la préparation du poisson, dont les sages dispositions ne produisirent cependant rien de très-important. Aussi les choses restèrent dans un état stationnaire jusque vers l'an 1750, où, selon Pontoppidan, le gouvernement apporta une attention toute particulière à la restauration des pêches du Danemarck et de Norwége. Le zèle des Suédois avait donné à cette industrie une telle extension, que ce peuple, qui tirait du Danemarck des milliers de barils de harengs, était à cette époque en état d'en vendre plus que les Danois. Pour arrêter par la concurrence le préjudice auquel les Danois étaient exposés, le gouvernement projeta d'établir une pêche réglée sur les côtes d'Islande. Un règlement publié en 1753, fut suivi de plusieurs autres ordonnances pour fixer la distance des lieux où le hareng pourrait être pêché, pour faire connaître diverses instructions commerciales et économiques, afin d'assurer un débit plus avantageux aux harengs islandais sur les marchés étrangers. A cette époque les Islandais n'avaient pas encore de filets propres à la pêche du hareng. D'ailleurs le manque d'hommes et la rareté du sel furent aussi des obstacles à la réussite des efforts qui furent tentés pour y établir une compagnie. Le régime de celle que l'on essaya d'y instituer ne put être de longue durée, et lorsque, en 1776, le privilége exclusif de vente du poisson fut aboli à Copenhague, une ordonnance supprima la compagnie islandaise, en attribuant à la couronne le produit de l'exploitation du commerce de la pêche en Islande; mais les avantages que le ministère s'en était promis ont, jusqu'à présent, mal répondu à ses espérances, et les causes que j'ai indiquées plus haut s'opposeront presque toujours à l'établissement d'une pêche réglée sur cette île septentrionale. Il faut y ajouter le manque de station convenablement disposée sur le rivage des golfes pour y débarquer le hareng et lui faire subir les préparations nécessaires à l'exportation. D'autres causes physiques seront aussi des obstacles au développement de la pêche dans ce pays. Moos observe que les brouillards y sont si fréquents et si intenses qu'ils empêchent les pêcheurs islandais de s'éloigner de la côte, quoiqu'il puisse y avoir beaucoup de profit à le faire, vu l'extrême abondance des cabeliaux et des harengs dans le Rödeljord près d'Agero.

Nous n'avons pas parlé du Jutland où, le

hareng ne se montrant que sur une partie de la côte, la pêche était d'un faible produit. Cependant les villes de Aalbourg et de Nibe devinrent si riches et si florissantes par la pêche, que pendant près d'un siècle on les regarda comme des plus importantes du royaume.

La pêche d'Aalbourg paraît s'être soutenue assez longtemps; car en 1650 cette ville était encore un port d'armement considérable. Des pêches de moindre importance avaient lieu autour des îles de Seelande, de Fionie, mais aucune d'elles ne remplaça jamais celle de Scanie. C'est seulement en 1767 que fut créée la compagnie d'Altona; elle ne répondit pas d'abord aux espérances que la cour de Danemarck en avait conçues, quoique la situation de cette ville sur l'Elbe parût très-favorable à un établissement de ce genre. Vers 1775, la compagnie reçut une nouvelle organisation, et en 1782 elle mettait déjà en mer près de trente barques d'un assez fort tonnage, qui allaient pêcher aux îles Shetland.

La Suède n'a pas toujours figuré entre les nations maritimes de l'Europe qui se sont adonnées à la pêche du hareng avec un avantage aussi marqué que celui de la fin du siècle dernier. On fixe à peu près au commencement du treizième siècle les premières pêches réglées qui se firent en Scanie, mais nous avons déjà vu que d'autres, plus anciennes, se faisaient dans la Baltique, auprès de l'île de Rugen ; ainsi Olaüs, roi de Danemarck, menaça d'exclure de la pêche du Sund certaines villes de Scanie, et celles-ci comprenant le préjudice qu'elles éprouveraient d'une pareille exclusion, lui donnèrent la satisfaction qu'il exigeait. On avait aussi, à cette époque, trouvé l'art de conserver et de saler le hareng.

Anderson remarque qu'à des époques régulières, la plupart des peuples de l'Europe s'assemblaient au même endroit pour y pêcher ce poisson, et l'art de le saler était en usage depuis longtemps, puisqu'il y avait sur les côtes de Rugen des foires et des marchés pour le sel employé à préparer le hareng à bord des bâtiments, afin qu'il fût plus facilement transporté dans les pays plus éloignés.

Quant à ce qui concerne les règlements de pêche proprement dits sur les côtes de la Norwége, du Danemarck ou de la Suède, on peut dire que la plupart des phases de cette pêche jusque dans ces derniers temps, se confondent avec ce que nous avons établi dans l'aperçu des pêches danoises ou norwégiennes, parce que le règlement adopté dans les trois royaumes, et promulgué par Éric et Marguerite, contient un article dans lequel ces souverains, promettant paix et sécurité à tout pêcheur ou commerçant qui se rendra en Scanie, quoique le prince dont il est sujet ou la ville dont il est citoyen soient en guerre entre eux; que ceux, dit-il, qui désirent faire la guerre, aillent combattre sur leur propre territoire, mais la bonne harmonie doit régner dans les trois royaumes entre tous ceux qui viennent pour pêcher. Les dispositions de ce règlement sont extrêmement sévères, puisqu'il y avait peine de mort pour tout marchand qui mettrait en baril des harengs de mauvaise qualité.

Il faut d'ailleurs remarquer qu'à partir du milieu du quinzième siècle, l'abondance du hareng sur les côtes de Scanie diminua d'une manière sensible, pour ne plus reparaître que vers le milieu du seizième. Aussi les bâtiments des villes anséatiques se rendirent à Helgoland dans l'espoir d'y faire une meilleure pêche qu'en Scanie. C'est alors que les Norwégiens se livrèrent avec une nouvelle ardeur à ce genre d'industrie, que la pêche, encouragée par de grands profits, s'établit sur beaucoup de points depuis Berghen jusqu'à Stavanger, et plus encore depuis Swinesund jusqu'à l'embouchure de la Gotha, et elle fut si considérable

que plusieurs milliers de barques arrivèrent
les années suivantes, tant du Danemarck que
du Holstein. Une foule de familles se fixa
dans la ville de Bohus; elles y formèrent des
établissements, y construisirent des maisons
ou des magasins si spacieux pour la préparation du hareng, qu'on pouvait suspendre et
faire sécher à la fois dans quelques-uns jusqu'à cent quarante tonnes de poissons. Avec
les secours que ces établissements assurèrent,
on vit se rendre tous les ans sur ces côtes
un nombre considérable de bâtiments expédiés des ports du Danemarck, de la basse
Allemagne, de la Frise, de la Hollande, de
l'Angleterre, de l'Écosse et de la France pour
y acheter le poisson. La pêche était si abondante que chaque bâtiment s'en procurait
aisément une cargaison complète. Elle ne se
faisait plus par les étrangers, et cet état de
prospérité dura jusqu'en 1588. Mais les harengs finirent, dit-on, par s'éloigner de cette
côte. Les étrangers ne s'y rendirent plus comme
auparavant. Il s'ensuivit la ruine des établissements dont la chute peut être fixée au commencement du 17.ᵉ siècle.

Nous avons dit que l'histoire de la pêche
suédoise se trouve comprise dans celle de la
pêche en Danemarck jusqu'à la révolution,

qui porta Gustave Ier sur le trône. Lorsque, par suite des événements politiques, la ville de Bohus fut cédée à la Suède, le gouvernement de ce royaume fit quelques tentatives pour y relever la pêche du hareng dont le souvenir n'était pas encore perdu. Le port de Gothembourg s'ouvrit alors. L'avantage de sa situation n'avait pas échappé à Gustave-Adolphe, qui créa la compagnie royale des pêcheurs de Gothembourg, et qui rendit plusieurs ordonnances pour soustraire le royaume au monopole de Lubeck. Pour la première fois on arma des barques de pêche à Halmstad et à Marstrand.

En 1651 la reine Christine accorda de nouveaux priviléges, et en 1658 Charles-Gustave conclut avec Cromwel un traité dans lequel il fut stipulé que les Suédois pourraient librement pêcher sur toutes les côtes de la Grande-Bretagne aux mêmes conditions que les Hollandais. Cinq ans après fut établi à Gothembourg le collége de commerce, chargé de la direction de la pêche du hareng sur la côte du Bohusland, et en 1666 il fut rendu un règlement qui accordait plusieurs franchises aux poissons salés de cette pêche. Charles XI confirma ou étendit ces dispositions, de sorte que la pêche du hareng obtint en Suède, sous ses auspices, quelque succès. La salaison du hareng n'était pas encore assez parfaite pour que les Suédois pussent rivaliser avec les Hollandais. Cependant quelques exportations commençaient à se faire. On conçoit que ces avantages, loin de s'accroître, durent échapper aux Suédois sous le règne de Charles XII. Les événements de son règne portèrent un coup funeste à la pêche de son pays, dont elle ne se releva que vers le milieu du siècle suivant. L'amélioration de cette industrie fut discutée dans la diète générale tenue à Stockholm en 1746. Le prince royal venait de se déclarer protecteur de la pêche. Ce qui seconda surtout le patriotisme zélé d'un grand nombre d'habitants, fut l'apparition soudaine d'une énorme quantité de harengs dans toutes les baies du Bohusland. On se crut reporté au temps des grandes et mémorables pêches de Scanie; mais les habitants furent pris au dépourvu. On manquait de barques, de filets, de tonneaux et de sel.

Il se trouvait par hasard, dans un port de Bohusland, quelques matelots hollandais, pêcheurs de profession : on les consulta; on paya généreusement leurs services et on parvint à les fixer en Suède. L'année suivante, la cour de Stockholm proposa des primes pour les pêcheurs qui se pourvoiraient de filets, pour ceux qui donneraient aux harengs la meilleure préparation, enfin pour ceux qui l'exporteraient à l'étranger. Les pêcheurs établis sur la côte de Suède eurent la concession de différents priviléges. Le commerce du hareng fut déclaré libre. Au moyen de ces encouragements, le produit de la pêche de 1759, faite à Gothembourg et sur les côtes du Bohusland, s'éleva à près de deux cent mille tonnes de harengs. La Suède put se suffire à elle-même et s'affranchir du tribut qu'elle payait aux étrangers. Les premiers succès firent perfectionner les procédés de la salaison du poisson.

En 1763 on rendit le paquage plus parfait, en imitant la méthode hollandaise. Comme toutes les idées libérales du gouvernement se dirigeaient vers cette nouvelle source de richesses, les Ordres du royaume cherchèrent, en 1765, à remettre en activité les diverses sortes de pêche. On rétablit celle de la morue ou du maquereau, et on donna aux diverses parties de leur administration l'ensemble qui devait en garantir la durée. Dans le même temps les Suédois se livrèrent à la fabrication de l'huile du hareng, dont ils ont été longtemps les seuls commerçants.

Alstrœmer assure qu'en 1750, Bauer fut le premier Suédois qui prépara l'huile de hareng pour son usage particulier. Le baron Cahman redoubla de soins et de sacrifices pour assurer à la Suède une industrie que l'on croyait alors nouvelle, quoique l'art d'extraire du hareng une huile animale fut connu et pratiqué dans le 14.ᵉ siècle. On n'employa d'abord que les branchies et les intestins du poisson. L'huile qu'on en obtint trouvant un débouché avantageux sur les marchés de la Baltique, les Suédois se déterminèrent, en 1765, à brûler ou à cuire le poisson entier. Quant au commerce du hareng, il s'accrut de plus en plus, et lorsque les primes cessèrent d'être payées en 1765, chacun fit la pêche et le commerce sans être assujetti à aucune autre formalité que celle de l'inspecteur du jaugeage et de la marque des tonneaux. Le hareng de la pêche de Gothembourg était si bien préparé qu'il le cédait peu aux poissons de pêche hollandaise, et il était vendu à si bon marché, que celui des villes de la basse Allemagne, à l'exception d'Embden, n'en pouvait soutenir la concurrence. Gothembourg, devenu le premier entrepôt du Nord, approvisionna de harengs une partie de la Russie et de la Pologne. Ses bâtiments firent voile pour Madère, pour les Antilles, pour la Méditerranée, etc. L'Irlande, à laquelle ne s'étendait point la prohibition du poisson de pêche étrangère portée par les lois anglaises, offrit à la Suède un débouché si vaste, qu'elle reçut, en 1776, cinquante mille sept cents tonnes de harengs. Pour expliquer un commerce de poissons aussi considérable, il faut savoir que ces clupées étaient repaquées dans des tonnes de jauge irlandaise, inférieures à celles de Suède, et réexportées pour les îles d'Amérique comme poisson de pêche d'Irlande.

Le commerce d'huile de hareng n'était pás moins florissant en 1784. Les Suédois calculaient que, depuis 1760, il avait été fabriqué au moins deux cent cinquante mille barils d'huile, et que l'État en avait retiré plus de cent tonnes d'or ou quinze millions de francs. Brême, Lubeck, Hambourg, Amsterdam, le Hâvre, Bilbao, Santander en recevaient des chargements. La part, destinée pour la Baltique, fut toujours la moins considérable. Avant 1776, il n'y avait en Suède qu'un petit nombre de brûleries de harengs établies sur les rochers qui bordent la côte, depuis Gothembourg jusqu'à Stramstadt. En 1783 on en comptait plus de deux cents.

La facilité de débarquer le poisson dans les

brûleries, celle de jeter à la mer le résidu ou
marc qui reste au fond des chaudières, sont
des raisons toutes naturelles pour concevoir
la prospérité de ces établissements. Leur nombre se serait encore accru, si trois années de
pêche peu favorable n'étaient venues exciter
les alarmes ou peut-être la jalousie de ceux
qui n'avaient point d'intérêt dans les brûleries.
Ils prétendirent que le marc de hareng, produit par les cuites et jeté dans la mer, empoison-
nait le fond des baies et en éloignait le poisson.
Des mémoires sur le Trangrum (c'est ainsi qu'on
appelle ce marc) furent successivement publiés
pour et contre. Comme il n'arrive que trop
souvent, cette opinion, peu réfléchie et mal
fondée, prévalut. Le gouvernement, partageant
les craintes exagérées répandues dans le pu-
blic, défendit de jeter à la mer le marc de
hareng. Il ordonna de le faire transporter dans
les campagnes et de l'enfouir dans la terre. Il
n'y a point de doute que ce résidu de matières
animales ne soit un excellent engrais ; mais
comme le transport exigeait beaucoup de frais,
l'ordonnance du gouvernement équivalut à une
prohibition, et les brûleries, construites sur
les rochers, furent forcées de suspendre leurs
travaux. Elles furent, après cette époque,
transportées dans l'intérieur des terres, au

préjudice de la fabrication. La mauvaise préparation de l'huile dans un grand nombre de petites brûleries, força le gouvernement à établir une inspection sur ce produit, afin de conserver à l'huile de hareng de provenance suédoise, la réputation qu'elle s'était acquise sur les différents marchés de l'Europe ; mais ces faibles gênes inquiétèrent le génie commercial ; elles portèrent un coup funeste à ce genre d'industrie.

La pêche et le commerce du hareng parvinrent en Suède à leur plus haut degré de splendeur, de 1770 à 1780. Il n'y a point de doute que la guerre dans laquelle s'étaient engagées les quatre grandes puissances, la France, l'Angleterre, l'Espagne et la Hollande, ne favorisât beaucoup les Suédois. Le parlement d'Irlande prohiba, en 1781, l'introduction du hareng de Suède. Gothembourg et les autres ports perdirent un de leur principaux marchés. Cependant ces causes politiques furent très-faibles à côté des causes naturelles. Le poisson, poursuivi et tourmenté, gêné dans sa reproduction, finit par abandonner les baies qu'il semblait affectionner. Dans les dix dernières années du dix-huitième siècle, le hareng ne se montra plus en bancs aussi nombreux, les apparitions en devinrent successivement plus tardives et très-irrégulières. Le moment était venu où la pêche allait s'anéantir sur les côtes du Bohusland, comme il était arrivé au seizième siècle sur celles de Scanie. Elle fut si médiocre, en 1799, qu'elle ne put suffire à la consommation locale de la Suède et que l'exportation du poisson fut prohibée. En 1800, l'Écosse fournit du hareng salé à la contrée, qui en expédiait vingt ans auparavant, non-seulement dans toute l'Europe, mais encore dans les îles d'Amérique.

Après avoir exposé précédemment l'histoire succincte de la pêche du hareng dans les différentes contrées de l'Europe septentrionale, disons quelques mots du mode de procéder à la pêche du hareng. Duhamel est entré dans des détails tellement circonstanciés sur cette importante industrie et sur les différents bateaux, filets ou autres ustensiles de pêche, qu'il est à peu près inutile aujourd'hui de donner de plus longs détails. Je crois devoir renvoyer à cet ouvrage le lecteur qui voudrait connaître tous les détails minutieux de l'art de la pêche.

Les peuples qui exploitent la Manche, attachent une si grande importance aux avantages de la pêche du hareng, qu'ils la nomment généralement la grande pêche, pendant que celle de la baleine n'a reçu pendant longtemps que le nom de petite pêche. On y emploie généralement tous les petits bâtiments qui sont d'usage pendant toute l'année sur la côte. Cependant à mesure qu'ils avancent au large, les pêcheurs choisissent des bâtiments d'un tonnage plus grand, afin de pouvoir tenir la mer plus longtemps. Quand ils doivent passer la moitié du canal, ils se servent de gondoles ou de grands droggers. Les bateaux, suivant leur tonnage, portent jusqu'à seize et même vingt-cinq hommes d'équipage. Les filets sont des espèces de manets, que l'on nomme dans plusieurs endroits de la Manche, *varnettes* ou *marsaïques* : ils sont faits de plusieurs pièces, cousues les unes au bout des autres pour former ce qu'on nomme la tessure. Ce filet est fait d'un fil assez fort, afin qu'il soit assez pesant, quand il est mouillé, pour descendre perpendiculairement dans l'eau. Comme le hareng se maille d'autant mieux que le filet est tendu moins raide, on ne met pas de lest à son pied. Chaque pièce de filet a de quinze à dix-huit brasses de largeur, et la tessure entière a un nombre de brasses plus ou moins grand, selon l'état de la mer. Les pêcheurs ne craignent de lui donner cent quatre-vingts à deux cents brasses quand la mer est belle ; mais ils la réduisent à soixante-dix ou quatre-vingts si elle devient grosse et mauvaise. La corde qui passe sur le bord du filet s'appelle, probablement par corruption, *fincelle,* et sert à maintenir la nappe sur la surface de l'eau, au moyen de ses liéges, de ses bassouins et de ses barils. Quand le bateau est rendu sur le lieu de la pêche, il met en panne, puis on le démâte. Le patron s'occupe alors de jeter à la mer la tessure avec toutes ses garnitures. Elle est retenue au navire par une corde nommée *halin,* dont la longueur varie suivant l'état de la mer, mais en rapport inverse de la longueur de la nappe du filet. Si la mer est douce, le halin n'a guère que soixante brasses de longueur; il devient de plus en plus long à mesure que la mer est plus dure; si elle est très-forte, le halin a jusqu'à deux cents brasses. Quand les filets sont jetés à la mer on laisse dériver. Pendant la nuit, soit pour éviter les abordages, ou, selon le dire des pêcheurs, pour attirer le poisson, chaque bateau de pêche porte un fanal, quelquefois même deux. Sur le banc d'Yarmouth, rendez-vous de plusieurs milliers de barques de pêche, ces fanaux donnent à la mer un aspect vivant et animé. Quand le maître juge que le filet est suffisamment plein, on le retire, soit à bras, soit en le virant au cabestan; chaque homme a sa place et son service bien déterminé; il faut remonter le filet bien étendu, détacher les différentes pièces de flottage et les replacer de suite dans la soute, de manière à ne pas encombrer le pont; d'autres hommes sont occupés à démailler le hareng; d'autres lèvent ou roulent et plient le filet. Si le bateau est petit et peu éloigné de la côte, le maître s'y rend immédiatement pour y vendre son poisson. Ce hareng est estimé à cause de sa fraîcheur, et acheté sous le nom de poisson de nuit. Si le patron veut continuer la pêche sans rentrer, il renvoie son poisson par de petites barques, qui font ce qu'on appelle le *batelage*. Si le bâtiment est convenablement monté et approvisionné de sel pour tenir la mer pendant quelque temps, on fait alors subir plusieurs préparations au hareng sur le navire. La première consiste, dans certains cas, à enlever les ouïes et tous les viscères abdominaux au poisson; c'est ce qu'on appelle *caquer* les harengs : on les met ensuite dans une saumure légère; c'est ce qu'on appelle les *brailler* : ou bien on les dépose par lits dans le sel, c'est-à-dire qu'on les sale en *grenier*. Cette dernière opération fait perdre souvent beaucoup de harengs, parce qu'ils s'écrasent par leur poids. Souvent aussi ils se gâtent lorsqu'il y en a un trop grand nombre. Il en est de même de la salure en vrac, quand elle est faite avec trop de précipitation. On appelle harengs salés en vrac ceux qui, après avoir été braillés, sont arrangés premièrement dans des tonnes ou de grands barils que l'on emplit comble, mais sans fouler les poissons; on les laisse s'affaisser sur eux-mêmes, et c'est alors que les tonneliers y mettent le fond. Quand le saleur juge que les harengs ont pris tout le sel qui leur est convenable, il les tire des tonnes en vrac faites à la mer ou dans les ports, et on leur fait subir une préparation qui précède celle de les paquer. Elle consiste à renverser le poisson dans une cuve, à le laver dans une nouvelle saumure; quand il est bien nettoyé, on le tire pour le laisser égoutter dans des corbeilles à claire-voie. Alors les ouvrières qui leur ont fait subir la première opération, prennent les poissons un à un pour les arranger, ou, suivant l'expression, pour les paquer dans des barils de différentes jauges, en ayant soin de les presser le plus qu'elles peuvent et en plaçant toujours le ventre en haut.

On emploie, en général, dans les ports un assez grand nombre de femmes ou d'enfants

pour les manipulations de cette industrie, qui
mérite, sous ce rapport, de fixer aussi l'attention des économistes, puisqu'elle donne de
l'ouvrage à une plus gande partie de la po-
pulation.

Les harengs ainsi préparés prennent le nom
de *harengs pecs*. On dit que cette dénomination vient de *pecken,* empaqueter ; de même
que *caquer* viendrait de *cacken,* qui veut dire
couper, parce que, avant de soumettre les poissons aux différentes préparations de la saumure,
on les vide et on leur ôte les ouïes. Ces harengs salés et paqués, ayant été préalablement
vidés, on a donné le nom de caque au baril
dans lequel on les renferme, et de là est venue
l'expression de *harengs à la caque.*

Le soin qu'il faut apporter à la quantité de
sel blanc que l'on mêle au sel ordinaire, le
choix des individus qui, selon leur état de
conservation, portent des noms différents
chez les divers saleurs, fait qu'on est obligé
de trier les harengs, ce qui a donné lieu à
désigner dans le commerce une qualité particulière sous le nom de Hareng de triage.

Les Hollandais ont de tout temps été ré-
nommés par l'exactitude consciencieuse avec
laquelle ils exécutent les diverses opérations
nécessaires pour avoir de beaux harengs salés.

C'est la réputation qu'ils ont justement acquise, qui avait en quelque sorte fait établir, que l'art de saler les harengs et de les paquer, était l'invention d'un pêcheur de Biervliet, Guillaume Beukels, mort en 1449. Noël de la Morinière a traité la question de priorité de cette invention dans un mémoire *ex professo*, publié dans le Magasin encyclopédique. Il y établit, en s'appuyant sur les documents historiques dont nous avons rapporté un très-grand nombre dans l'Histoire des pêches des différents pays, que, plus de deux cents ans avant ce pêcheur, le commerce du hareng salé et paqué était déjà florissant et était protégé ou réglé par des chartes ou des ordonnances royales, soit en France, soit en Angleterre.

On fait subir aux harengs une autre préparation qui donne lieu à un commerce fort important, je veux parler des Harengs *saurs*. Les meilleurs harengs de cette espèce sont ceux de la Manche, et l'on préfère même ceux des côtes de France, parce qu'en général, dans les bonnes saurisseries, on les fume avec du bois de hêtre bien sec. Cependant on n'a pas toujours le soin de les dessécher assez entièrement; dans ce cas, ils ne se conservent pas aussi longtemps; on ne peut pas surtout les transporter avec la même facilité; mais il faut avouer, que ceux qui ont été plus fortement fumés, deviennent plus noirs, et que par conséquent ils ont un coup d'œil moins avantageux pour la vente. Pour saurir le hareng, on ne le caque point, mais on le braille. Quand il a pris un peu de sel, on l'embroche dans des baguettes appelées *ainettes,* et on le suspend dans des espèces de tuyaux de cheminée dans lesquels on le tient plus ou moins longtemps à une chaleur douce et à une fumée très-épaisse. La description de ces étuves et des nombreux ustensiles qu'emploie un saurisseur, nous jetterait également dans des détails qu'il me paraît inutile de donner ici. L'espèce du hareng que l'on fait saurir, est celle que les pêcheurs appellent des *harengs de trois nuits,* c'est-à-dire des harengs un peu moins frais que ceux que l'on prépare en blanc. Il faut cependant remarquer, que les harengs de première nuit que l'on saurit, sont de beaucoup meilleurs que les autres. Des ordonnances ont fait varier la quantité de sel nécessaire pour un last de harengs à saurir. En général, on met trois mesures de sel pour 10,000 à 12,000 harengs ; mais il faut saler plus ou moins longtemps le poisson, selon que la destination pour laquelle on le prépare est plus ou moins éloignée. Avant de placer les harengs dans l'étuve, on les lave ;

quelques personnes se servent de l'eau douce, d'autres d'une saumure légère qui n'a pas été employée pour d'autres préparations. Quand les harengs sont bien lavés et égouttés, on les suspend sans qu'ils se touchent dans l'étuve; puis on allume ce qu'on appelle le premier feu, qu'il faut continuer jour et nuit sans interruption pendant environ quinze jours. Au bout de ce temps, on cesse le feu, et on laisse reposer la roussable pour que les harengs se ressuient et rendent leur huile : les poissons deviennent phosphorescents, ainsi que les gouttes d'huile qui tombent de l'animal. Il y a de ces étuves contenant jusqu'à six cent mille à sept cent mille harengs; ils y restent de trois à cinq semaines pour être desséchés complétement.

On fait encore subir d'autres préparations aux harengs, qu'on nomme alors *bouffis* ou *craquelots.* L'opération qui leur donne ces qualités, consiste à les placer dans l'étuve avant de les laisser égoutter et à les fumer de suite. L'eau qu'ils contiennent, paraît les gonfler. Ces harengs ne peuvent être consommés que sur les lieux, parce qu'ils se conservent moins bien que les autres.

Je termine ici cet essai d'une histoire naturelle du Hareng. Après avoir donné une description plus détaillée que mes prédécesseurs ne l'avaient fait, après avoir essayé de caractériser cette espèce de Clupée de manière à la distinguer de ses congénères, je suis entré dans de nombreux détails sur les habitudes de ces poissons; sur leur différentes apparitions, afin d'établir que les récits des voyages périodiques décrits dans plusieurs ouvrages d'histoire naturelle, ne sont fondés que sur des observations inexactes.

J'ai essayé également de prouver que, s'il n'y a qu'une seule espèce de hareng, les naturalistes doivent reconnaître en elle des races nombreuses, mais constantes et particulières pour chaque bassin qu'elles habitent. J'ai pensé, que le meilleur moyen d'établir ces propositions, était de présenter l'histoire de la pêche du hareng dans les différents pays de l'Europe septentrionale, où l'abondance de ce poisson a donné lieu à des pêches importantes. Ne voulant pas entrer dans des détails de statistique, qui seraient devenus par trop étrangers à mon sujet, et tout à fait en dehors d'un article composé pour l'Histoire naturelle, je me suis constamment arrêté dans ces recherches au commencement de ce siècle.

Le Hareng de Leach.

(*Clupea Leachii*, Yarell.)

Ce n'est pas sans quelque hésitation que je place à la suite du hareng commun l'espèce que M. Yarell a établie dans le Journal zoologique sous le nom de *Clupea Leachii*. Cet habile ichthyologiste a eu la complaisance de m'envoyer le dessin original, qui a été considérablement réduit pour être gravé dans son Histoire des poissons d'Angleterre. J'avoue, qu'en examinant ce dessin, je ne trouve aucune différence dans les formes extérieures entre cette espèce et le hareng commun. La description que M. Yarell y ajoute, n'offre d'autre différence appréciable que dans le nombre des vertèbres.

Cette espèce n'en aurait que cinquante-quatre, tandis que nous en avons compté cinquante-six dans le hareng commun. M. Yarrell croit que la dorsale est un peu plus reculée sur le tronc, et que les écailles sont plus petites.

Ces différences me paraissent très-légères ; cependant, comme les pêcheurs des côtes d'Angleterre en parlent comme d'une espèce particulière, je n'ai pas osé réunir ce *Clupea Leachii* à notre hareng commun. Je crois cependant qu'on le fera.

M. Yarell dit que ce hareng est plein à la fin de janvier, qu'il ne dépose son frai que vers le milieu de février. Cet habile naturaliste a dédié cette espèce au savant docteur Leach, parce qu'il connaissait les recherches faites par ce zoologiste sur les côtes d'Angleterre pour établir une seconde espèce de hareng.

Il paraîtrait aussi qu'il y aurait quelque différence dans le goût de la chair de cette variété et qu'elle serait beaucoup plus douce. Mais, je le répète, je ne maintiens ici cette espèce que pour engager les zoologistes anglais à faire de nouvelles recherches à ce sujet. Quant à moi, je le regarde comme une variété du précédent. Il ne serait pas impossible que ce ne fut le *Strömming* de la Baltique.

Le Hareng de la mer Noire.

(*Clupea pontica*, Eichw.)

Bien que le hareng du Nord ne se tienne pas dans la Méditerranée, et que je n'aie observé aucune espèce de ce genre dans cette mer, j'en retrouve une, dans la mer Noire, qui a tous les caractères génériques du hareng, et qui lui ressemble même par les formes. Mais elle s'en distingue,

parce que ses dents palatines sont beaucoup plus prononcées. Je vois aussi les dents du vomer diverger, ce qui les fait paraître plus grandes que celles du hareng du Nord. Il y a même aussi une différence sensible entre la grosseur des dents du maxillaire.

Les nombres sont :

D. 17 ; A. 21, etc.

Cependant MM. Nordmann et Eichwald les ont comptés différemment ; ils disent :

D. 15 ; A. 20, etc.

La tête me paraît un peu plus longue. La mâchoire inférieure est certainement beaucoup moins avancée. La couleur est d'un bleu verdâtre sur le dos, argentée sur le reste du corps.

L'exemplaire qui a servi à la description de M. Nordmann est long de huit pouces et demi. J'ai un second exemplaire, que je crois une simple variété de cette espèce, qui n'a que sept pouces ; il diffère de celui que je viens de décrire, parce que ses dents sont un peu plus fines. Je ne serais pas étonné que, si l'on cherchait sur les lieux les individus de cette variété, un naturaliste ne trouvât de très-bonnes raisons pour les considérer comme d'une espèce distincte, quoique très-voisines l'une de l'autre.

Ce poisson est, à n'en pas douter, le *Clupea pontica* de M. Eichwald [1] : c'est aussi l'espèce

---

1. *Fauna caspio-caucasia*, p. 162, t. XXXII, fig. 2.

décrite sous le même nom par M. Nordmann. [1]

Nous conservons dans le Musée l'individu qui a servi à sa figure. Cet auteur a cru retrouver dans elle le *clupea piltschardus* de Pallas. Je n'y vois d'autre raison que l'identité d'habitation; car la description de cet illustre voyageur est très-vague, sans caractères. D'ailleurs, il est pour moi hors de doute, que le poisson qui était sous les yeux de Pallas, n'était pas le Pilchard des Anglais. Je dois à M. Hommaire de Hell des renseignements curieux sur le commerce et la pêche de ce clupéoïde de la mer Noire. Il dit, que les harengs pêchés à l'embouchure du Danube, et particulièrement sur les côtes de la Crimée, sont remarquables par leur beauté, et qu'ils ne le cèdent point à ceux de Hollande. Il faut attribuer le peu de réputation dont ils jouissent, à la méthode très-défectueuse suivie pour leur préparation. Il assure que les harengs de Kamiche-Bouroun sont grands et gras, puisque l'on en trouve du poids d'une livre et demie. Leur pêche se fait, comme à Théodosie, vers le 15 octobre et continue jusqu'à la mi-mars. Le reste de l'année ils se présentent fort peu à Kamiche-Bouroun : c'est un port situé en dedans d'une pointe de sable

---

1. Nordm., *Faun. pontica;* Poiss., p. 520, pl. 25, fig. 2.

de deux verstes d'étendue ; son entrée est fort étroite ; on y trouve dix pieds d'eau sur un fond de sable. La quantité de harengs, pêchée annuellement sur cette côte, est évaluée à deux millions. On les vend souvent à raison de huit roubles le millier.

Le prix ordinaire du poisson frais, varie suivant la qualité et suivant l'abondance de la pêche, de huit à trente roubles ; quand il est salé, il vaut de douze à quarante roubles. On en prend souvent plus de quatre-vingt mille dans une seule nuit. A Théodosie, les femmes les placent par lits dans les paniers, les salent sans les nettoyer : les poissons y restent jusqu'à l'arrivée des acheteurs de l'intérieur de la Russie. On conçoit que cette méthode fasse prendre souvent un mauvais goût au poisson, et qu'il n'acquiert pas par conséquent une grande réputation.

Le HARENG DE NEW-YORK.

(*Clupea elongata ,* Lesueur.)

Nous avons reçu de New-York des exemplaires d'une espèce de hareng extrêmement voisine de celle qui habite les mers d'Europe, mais que nous avons distinguée depuis plus de vingt-cinq ans dans la collection du Muséum. Nous avons le plaisir de voir que nôtre opinion sur cette espèce a été adoptée par les naturalistes qui se sont occupés de l'étude des poissons d'Amérique.

La forme et les proportions du corps sont semblables; ainsi la hauteur est comprise six fois dans la longueur totale. La longueur de la tête fait un peu plus que le cinquième de celle du corps entier. La dorsale est placée sur le milieu du corps; la ventrale répond au sixième rayon de la nageoire du dos. L'anale est basse; la caudale est fourchue et les nombres des rayons de ces nageoires ne diffèrent point de ceux des nageoires de nos harengs. Nous comptons aussi, le long des flancs, la même quantité d'écailles. Cependant, malgré les ressemblances, nous signalerons comme différence caractéristique, l'absence de veinules sur le sous-orbitaire et sur le limbe du préopercule. L'ellipse des carènes des frontaux est moins allongée; la crête qui forme la carène antérieure, élevée dans le milieu de cette ellipse, est plus relevée. Les dents sont plus fines; celles de la langue sont plus nombreuses. Les écailles de la carène dentelée du ventre sont sensiblement différentes, l'écusson central étant plus large et les épines latérales plus courtes. La couleur ardoisée-bleuâtre du dos descend moins bas sur les flancs, et elle est séparée d'une manière nette et tranchée de l'argenté des flancs ou du ventre. La caudale est d'un gris plus noirâtre.

La longueur de nos individus est de sept pouces et demi.

Nous avons étudié avec le plus grand soin ces harengs de l'Amérique septentrionale, parce qu'il était nécessaire de déterminer si l'espèce américaine était la même que celle d'Europe. Il fallait résoudre cette question, non-seulement à cause de son importance dans l'étude de la distribution géographique des animaux, mais aussi pour apprécier à leur juste valeur les différentes assertions énoncées sur les voyages des bandes nombreuses de ces clupées. Les premiers navigateurs qui virent les harengs sur les côtes d'Amérique, les confondirent avec celui de nos côtes européennes. On conçoit que cette erreur était très-possible, car on ne peut distinguer les deux espèces que par une comparaison immédiate et qu'à la suite d'un examen minutieux. Les observateurs partant de l'identité spécifique des harengs des deux continents, établirent que leurs légions innombrables, sorties des fonds des mers glacées du pôle, avançaient jusque vers l'Islande, et qu'arrivées à la hauteur de cette île, elles se séparaient en deux cohortes, dont l'une se dirigeait vers les mers du nord de l'Europe, tandis que l'autre se portait sur les côtes de l'Amérique septentrionale. Une fois que la distinction spécifique est bien établie, il devient tout à fait inutile de discuter ce roman.

Mitchill[1] a confondu l'espèce dont nous traitons dans cet article avec le hareng d'Europe, sous le nom de *Clupea harengus*. Il la désigne même par le nom anglais de *Herring of commerce*.

C'est M. Lesueur qui, le premier, a donné un nom à cette espèce. Il l'a décrite dans le Journal des sciences de Philadelphie, et, comme il la comparait aux espèces voisines qu'il observait sur les marchés d'Amérique, et qui ont le corps beaucoup plus large, il lui a donné un nom assez impropre que nous conserverons cependant, afin d'éviter du néologisme : c'est le *Clupea elongata* de cet auteur[2]. Ce zélé zoologiste a observé ce poisson, en octobre 1816, sur la côte de Marblehead et de Sandy-Bay; il n'a donné aucun détail sur ses mœurs ni sur ses habitudes. Les pêcheurs lui donnaient le nom anglais du hareng. On le prenait à la seine. A peu près à la même époque Mitchill mentionnait ce poisson dans ses premiers essais sur l'Ichthyologie d'Amérique.

M. Storer a reconnu cette même espèce

---

1. Mitch., *Amer. Month. Magaz.*, vol. II, p. 323.

2. Lesueur, *Journ. of the acad. of nat. sc. of Phil.*, vol. I, part. 2, 1818. p. 234.

et l'a comptée parmi ses poissons du Massa-chusets, sous la dénomination imposée par M. Lesueur. Il observe que ce hareng est connu sur les marchés de cet État, sous le nom de *English Herring*. Il a remarqué que dans certaines saisons ce poisson est pris en grand nombre. Il donne même des tables relevées au bureau de l'inspection générale de la vente du poisson. Elles prouvent que l'on fait un commerce assez considérable de cette espèce. Ces tableaux rapprochés, mon-trent des variations, dans la quantité de me-sures exportées, extrêmement considérables et variables chaque année, puisque l'année 1833 n'a fourni que trente-six de ces mesures, tandis qu'en 1835 le nombre s'est élevé à neuf cent soixante-trois. La rareté de l'espèce dans ces années a été attribuée par les ma-telots à l'habitude de les pêcher la nuit aux flambeaux, ce qui disperse les bancs et fait fuir le poisson effrayé.

Je trouve aussi l'espèce actuelle, indiquée sous le même nom, dans la Faune de New-York par M. Dekay, qui, pour en établir les caractères avec plus de précision, a eu soin de rapporter en note la diagnose du hareng com-mun d'Europe, et même aussi celle de l'espèce qu'il croit pouvoir appeler le Pilchard. C'est ici le cas de faire remarquer que ce zoologiste a aussi apprécié la véritable diagnose du genre *Clupea*, tel que nous le concevons ; car il a très-bien vu que la langue et le vomer sont armés de dents, organes qui manquent aux espèces du genre *Alausa*. Nous aurons un peu plus loin à présenter quelques observations sur la composition de ce genre, dans lequel il a certainement réuni une espèce qui a la langue dentée ; il en fait lui-même une des diagnoses de ce poisson. Ce manque de critique me laisse quelque doute sur les espèces citées par M. Dekay à la suite de son *Clupea elongata*. Je me demande s'il ne serait pas possible qu'il eût confondu les espèces qui ont des dents vomériennes et palatines comme nos harengs, avec celles dont nous parlerons dans les chapitres suivants, et qui n'ont pas de dents sur le vomer. Comme je n'ai pas examiné ces poissons, je préfère les indiquer à la fin de ce chapitre comme espèces, dont la place reste encore incertaine, en attendant que mon célèbre et savant ami, M. Agassiz, qui a connu, avant de quitter l'Europe, mes travaux sur les clupées, lève toutes ces incertitudes.

Il me paraît très-probable que M. de la Pylaye a observé à Terre-Neuve notre *Clupea elongata*, autant du moins que j'en puisse juger

par un dessin fait à Saint-Pierre de Mique-
lon, et qu'il a bien voulu nous donner.

Le Hareng de Pallas.

(*Clupea Pallasii*, nob.)

J'ai décrit et dessiné dans le Musée de
Berlin un hareng qui faisait partie des collections que M. Rudolphi a données à ce magnifique établissement. Il provenait, comme tous
les autres individus objets de ce présent, des
collections de Pallas. Il me paraît d'une espèce
différente de celle du hareng.

Le corps est en effet beaucoup plus court; la
tête est plus petite. Je n'ai vu aucune strie sur les
opercules. La dentelure de la carène du ventre n'est
pas très-prononcée.

La couleur du poisson, conservé en peau, est
presque entièrement effacée; mais, d'après Pallas,
elle serait un peu différente du hareng commun; car
il l'indique brun-foncé sur le dos, se dégradant sur
les côtés, et en un bleuâtre cendré. Les pectorales
auraient eu le bord brun; la dorsale était noirâtre;
l'anale et les ventrales blanches, et la caudale brune.

L'individu est long de huit pouces. Il vient
du Kamtchatka. J'ai tout lieu de croire que
Pallas[1] l'a confondu, dans son *Fauna rossica*,
avec le hareng commun.

1. *Faun. ross. asiat.*, t. III, p. 209.

En lisant avec attention la description que cet illustre zoologiste a faite de ce hareng, je vois qu'il avait observé les aspérités de la langue, qu'il mentionne également les dents vomériennes disposées en série linéaire : *in medio palati linea denticulata*. Mais il paraîtrait que ce hareng du Kamtchatka n'aurait pas de dents sur le chevron du vomer; il me semble que l'on doit expliquer ainsi, ce que Pallas dit d'un tubercule osseux entièrement lisse sur le milieu du palais. Comme il trouve d'ailleurs neuf rayons à la membrane branchiostège, je trouve que ces caractères des formes extérieures concordent bien avec les légères différences que j'ai observées sur le poisson desséché. Cet illustre zoologiste dit qu'on prend les harengs, au Kamtchatka, à deux époques, une première au commencement du printemps, savoir : mars et avril, et la seconde fois au commencement de juillet et pendant tout ce mois. S'il n'a pas confondu plusieurs espèces de petites clupées les unes avec les autres, ce qu'il rapporte des habitudes de ce hareng est fort curieux et prouve que j'ai raison de croire à la distinction spécifique que j'établis ici. Malheureusement je n'avais pas encore à l'époque où j'ai fait ces premiers essais, observé avec autant d'attention que je le fais maintenant, les caractères importants tirés de la dentition. On peut conclure d'un passage de Pallas, dont la rédaction est, à la vérité, un peu obscure, et ne s'expliquerait parfaitement que par des suppositions de fautes typographiques, que les harengs du Kamtchatka, sortis des profondes retraites sous-marines pour frayer dans les golfes ou les enfoncements du rivage, entrent aussi dans des lacs d'eau douce, où l'hiver et les tempêtes qui accompagnent cette saison, les forcent quelquefois de séjourner. Le frai de ces essaims s'y développe promptement. Les Kamtchatkadales profitent de l'instinct qui fait rechercher aux harengs les ouvertures de ces lagunes pour se rendre à la mer. Ils ouvrent eux-mêmes la glace, de manière à établir des filets en forme de sacs où ils peuvent prendre jusqu'à deux mille ou trois mille individus que les femmes préparent. Il observe aussi que les harengs ont disparu du fleuve du Kamtchatka, où on les prenait en très-grande abondance, depuis que des éruptions volcaniques et des tremblements de terre sont venus les effrayer. Telles sont les observations curieuses que Pallas a faites sur les mœurs de ce poisson.

Clupée linéolée.

(*Clupea lineolata*, Pallas.)

Il me paraît que Pallas avait une seconde espèce de hareng confondue avec les précédentes. J'ai trouvé un exemplaire de cette espèce dans les collections du Musée de Berlin, où M. Lichtenstein m'a permis de le décrire et de le mesurer.

Le poisson me paraît avoir le dos beaucoup plus convexe, de sorte que le corps me paraît plus élevé, plus trapu, et la queue plus haute que dans le hareng commun. Je trouve que la hauteur est tenue quatre fois et un quart dans la longueur totale. La tête est petite et pointue; la ligne du profil est concave; les dentelures du ventre sont beaucoup plus fortes que dans l'espèce précédente. Les nombres des rayons sont :

D. 18; A. 16; C. 19; P. 16; V. 10.

Ils se rapportent, comme on voit, assez bien à ceux du hareng; mais je n'ai pas malheureusement examiné les dents du palais; j'ai seulement noté que celles des mâchoires sont fines et aiguës. Le dos du poisson est brun, et il y a cinq raies longitudinales brunes sur la moitié supérieure du tronc. Les deux premières raies sont peu marquées.

Le poisson est long de huit pouces et demi. Je l'ai trouvé desséché et préparé de la même manière que l'individu précédent; il m'a paru d'une espèce tout à fait distincte. Je ne vois pas que Pallas en ait fait mention dans son *Fauna rossica*. Il ne serait pas impossible que l'individu décrit dans cet article fût de l'espèce du *Clupea pontica*. Je lui trouve cependant la tête un peu trop courte. Si l'exactitude de cette supposition se vérifie, alors on devra rayer le *Clupea lineolata*.

LE HARENG VERDATRE.

(*Clupea virescens*, Dekay.)

M. Dekay[1] ayant distingué le genre Alose de celui des harengs ou des clupées proprement dites, parce que les espèces de ce dernier genre ont des dents sur la langue et le vomer, je crois devoir placer à la suite de nos harengs son *Clupea virescens*, puisque cet auteur l'a rangé avec les suivantes dans son genre *Clupea*.

Ce hareng est un poisson à corps très-comprimé, à abdomen tranchant et très-fortement dentelé. M. Dekay lui compte dix-neuf épines avant les ventrales, et douze au delà. La dorsale est quadrangulaire, élevée en avant; l'anale longue et basse; cependant les premiers rayons sont un peu allongés. La caudale

---

1. Dekay, *New-York Faun. fish.*, p. 252. pl. 13, fig. 37.

est profondément fourchue et ses lobes très-pointus. Les nombres sont ainsi notés par M. Dekay :

B. 7; D. 16; A. 17; C. 19⅗; P. 16; V. 9.

La couleur est verte sur le dos, argentée sur les côtés. Le sommet du museau est brun foncé. Une tache verticale noire se montre derrière l'ouverture de la branchie. La dorsale et la caudale sont bordées de brun; l'anale est pointillée de noir; les autres nageoires sont blanches, lavées de jaune.

M. Dekay a vu prendre ce poisson en octobre avec la senne dans la baie de New-York. On l'y appelle *Greenback* ou *Fall-Herring*. L'auteur pense qu'on doit retrouver dans cette espèce le *Clupea halec* de Mitchill. M. Storer a admis cette espèce dans son Synopsis des poissons du nord de l'Amérique. Il croit, d'après M. Linsley, qu'on la retrouve aussi sur les côtes du Connecticut.

Le Hareng nain.

(*Clupea parvula*, Mitchill.)

M. Dekay [1] et M. Storer [2] ont admis, tous les deux, le *Clupea parvula* de Mitchill. [3]

---

1. Dekay, *New-York Faun.*, p. 253.
2. Storer, *Synops. of the fish. of North-America*, p. 205, n.° 4.
3. Mitch., *Fish. of New-York*, p. 452.

C'est un petit poisson presque demi-transparent, à queue fourchue, à ventre dentelé, dont la couleur est grisâtre sur la tête et sur les opercules, glacée de vert ou de bleu sur le dos et sur côtés. Le fond de la couleur du tronc est un brun foncé dessus, passant par une gradation régulière au blanc argenté des côtés et du ventre.

D. 14; A. 18; C. 21; P. 14; V. 9.

Cette courte description est copiée de Mitchill. M. Dekay ajoute que le poisson est sans bandes ou sans taches. Il lui paraît très-voisin de celui dont M. Storer a parlé sous le nom de *Brit.*

Le HARENG PYGMÉE.

(*Clupea minima,* Peck.)

C'est le nom spécifique que M. Peck, dans son Histoire du New-Hampshire, a donné au poisson que M. Storer[1] appelle *The Brit.*

Ce poisson, noir sur le dos, d'un vert foncé sur la partie supérieure des flancs, a le ventre argenté avec des reflets rosés et dorés. Les jeunes ont la dorsale bordée d'un fin liseré noir, et au-dessus de la ligne latérale des points foncés. Cette ligne naît de la partie supérieure de l'angle de l'opercule. Le diamètre de l'œil égale le sixième de la longueur

----

1. Storer, *Fish. of Mass.*, p. 113. — *Synopsis of the fishes of North-America*, p. 205, n.° 7.

de la tête. Celle-ci est le quart de celle du corps. Les opercules sont grands, argentés. La mâchoire inférieure dépasse la supérieure.

D. 10; A. 12; C. 18; P. 15; V. 5.

Je ne crois pas que ces nombres aient été compté avec exactitude.

C'est une espèce qui se montre sur les côtes du Massachusets, quelquefois en nombre considérable. Elle sert de nourriture à la plupart des autres espèces.

Je vois que M. Dekay[1] a admis cette espèce dans sa Faune de New-York, parce qu'il dit qu'il est probable qu'on la trouvera sur cette côte.

Je ne parle pas ici du *Clupea vittata* ni du *Clupea cœrulea* de Mitchill et des autres naturalistes américains, parce que ce sont des Anchois.

---

1. Dekay, *loc. cit.*, p. 253.

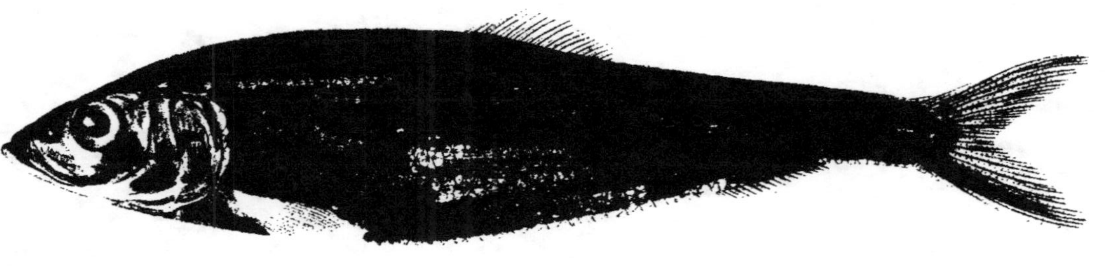

LE HARENG commun.

Clupea HARENGUS Lin.

J. Alberti.

Gérard del.

Annedouche sc

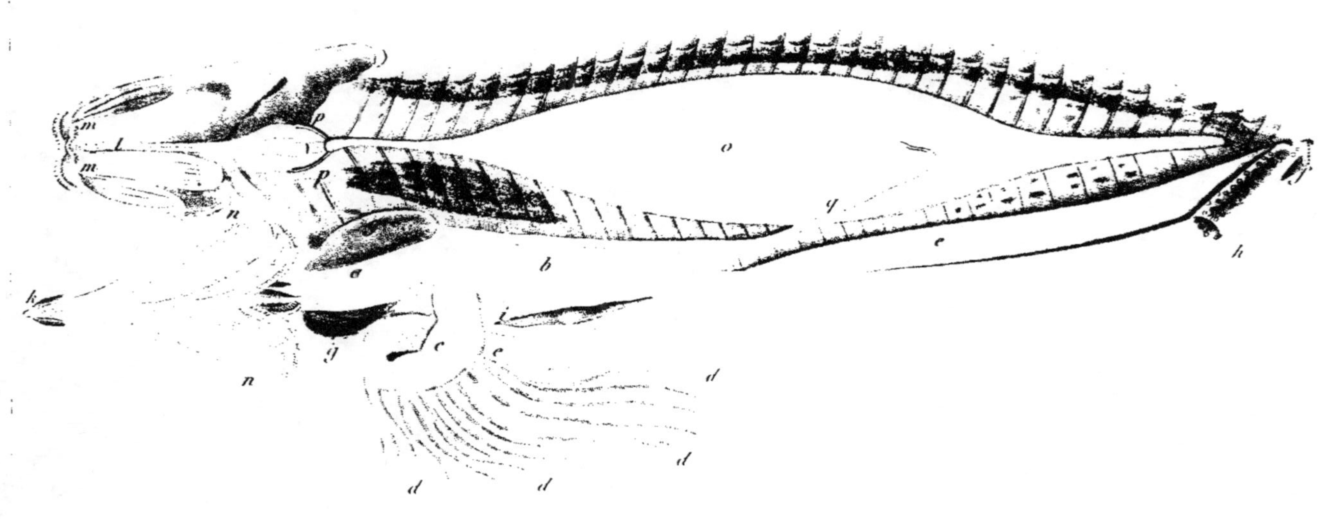

SPLANCHNOLOGIE du Hareng commun.

de Liqueville del.   Gérard col.   Annedouche sc.

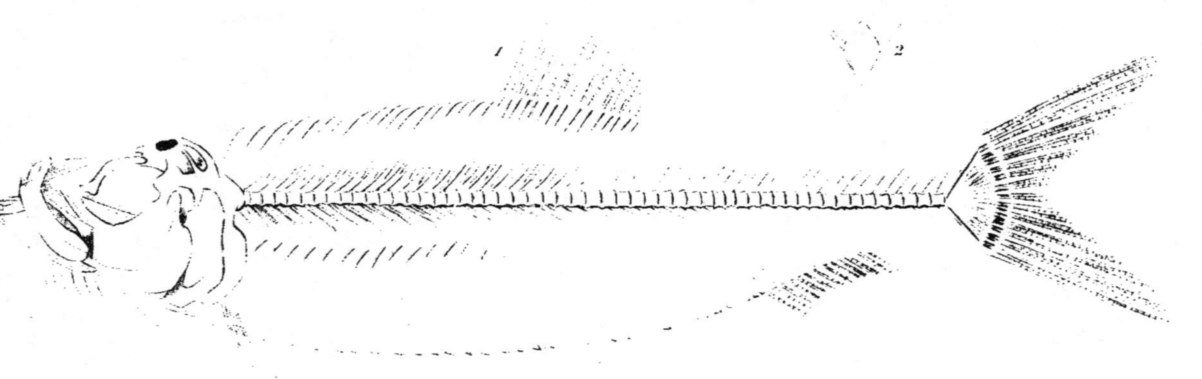

1. Squelette du HARENG commun.
2. Chevron de la carène du ventre.

de Ligniville del.

Gérard est

Annedouche sc.